新编家庭防火

常识

张应立　张　莉

◎主　编

贵州科技出版社

图书在版编目(CIP)数据

新编家庭防火常识／张应立，张莉主编. -- 贵阳：
贵州科技出版社，2019.7(2020.8 重印)
ISBN 978 - 7 - 5532 - 0687 - 5

Ⅰ．①新… Ⅱ．①张… ②张… Ⅲ．①火灾 - 自救互
救 - 基本知识 Ⅳ．①X928.7

中国版本图书馆 CIP 数据核字(2019)第 164009 号

新编家庭防火常识
XINBIAN JIATING FANGHUO CHANGSHI

出版发行	贵州科技出版社	
地　　址	贵阳市中天会展城会展东路 A 座(邮政编码:550081)	
网　　址	http://www. gzstph. com	
出 版 人	熊兴平	
经　　销	全国新华书店	
印　　刷	三河市明华印务有限公司	
版　　次	2019 年 7 月第 1 版	
印　　次	2020 年 8 月第 7 次	
字　　数	100 千字	
印　　张	4.5	
开　　本	889 mm×1194 mm　1/32	
定　　价	14.8 元	

天猫旗舰店:http://gzkjcbs. tmall. com

《新编家庭防火常识》编委会

主　编：张应立　张　莉

编　委：张应立　张　莉　张　峥

　　　　贾晓娟　王登霞　张　梅

　　　　韩世军　王仕婕　文玉鎏

前　言

家庭火灾是直接关系到家庭安全和社会稳定的大事。做好家庭防火，对维护社会安全、保证国家经济建设的顺利进行和人民生命财产安全至关重要，千万不可等闲视之。

同火灾作斗争是一项长期、艰巨的任务，这项任务是同社会生产、生活活动永远分不开的。随着国家改革开放的不断深入和社会主义经济建设的持续发展，党和国家对全国城乡的消防安全工作提出了更高的要求。

消防安全是一项具有十分广泛的社会性、群众性的系统工程，涉及各行各业乃至每一个居民，只有发动和组织社会各方面的力量参与，齐抓共管，共同努力，才能做好。

近年来，随着广大城乡居民生活水平的日益提高，家用电器的使用越来越普遍，煤气、液化石油气、天然气越来越多地进入百姓家庭，给人们创造了温馨、舒适的生活环境。但因用电、用气不当，发生火灾的概率相应地增大，故火灾、爆炸时有发生。居民家庭起火燃烧猛烈，火势蔓延迅速,烟雾弥漫,易造成人员伤亡。此外,许多城乡居民使用煤气、液化石油气、天然气或沼气,起火后容易发生气体燃烧、爆炸。一些城乡居民住在平房里,其房顶有些是用可燃材料建造的,起火后,火势极易烧到顶棚,沿屋顶可迅速延烧,造成火灾扩大蔓延,导致建筑物倒塌。因此,宣传和普及家庭防火知识是一项十分必要而迫切的工作。

为了提高全民防火意识,普及消防知识,提高全社会对火灾的自防自救能力,切实做好家庭消防安全工作,使我国的消防工作在改革开放的经济建设中更好地发挥作用,我们在进行调查研究的基础上,收集大量资料,编写了《新编家庭防火常识》一书。本书采用问答形式,便于读者查找相关知识,是家庭必备的读物,也可供社区、居委会干部及公安消防监督部门工作人员学习参考。

本书在编写过程中,参考了大量消防科技著作和有关文献资料,同时还得到了黔南布依族苗族自治州消防协会领导和专家的支持与帮助,听取了一些消防安全工作者的意见与反馈,在此特表示衷心的感谢。

由于编者水平有限,经验不足,书中错误在所难免,欢迎专家和广大读者批评指正,谢谢!

编 者
2019 年 6 月

■ 目　录

第二章　家庭配电装置及照明防火// （015）

第三章　家用电器防火∥（036）

第四章 家用天然气和沼气防火// （058）

第五章　家用人工煤气防火∥(065)

第六章　家用液化石油气防火// （072）

第七章　家用燃气燃烧器具防火// (090)

第八章 家用燃性液体防火∥（102）

第九章　家庭灭火常识//（112）

第一章　家庭日常防火

1. 家庭火灾的火源有哪些？

（1）明火。如居家生活用的炉火，火柴和打火机燃火，灯火、蜡烛火和燃烧的烟头等，均属明火。

（2）电火。开、关电器产生的火花，电线绝缘破裂使电线短路及电线超负荷等引起火灾。

（3）雷击。雷电瞬间的高压放电引起火灾。

（4）热辐射作用造成的火源。如把衣服挂在高温火炉附近，由于炉火的热辐射烤着衣服而引起火灾。

（5）化学药品。如果家里存放有钾、钠或钙，不慎漏出，遇水会发生剧烈反应发热，也会引发火灾。

2. 居民住宅发生火灾的主要原因有哪些？

居民住宅发生的火灾大部分是人的行为过失造成的。其主要原因是：

（1）炉灶靠近壁体表面覆盖的不锈钢板下防火措施不完备，不锈钢板下可燃材料起火；人离开燃灶现场或灶火过大而使

锅中油过热起火。

（2）电器设备发生故障时起火。电器设备使用时间过久、绝缘老化、设备短路、超负荷使温度过高、镇流器过热，使这些电器成为火源，与周围可燃物接触起火。

（3）吸烟引起火灾。就寝前或起床时吸烟，烟灰火星落在被褥上，或者没有把烟头熄灭乱扔而引起火灾。

（4）用火不当引起火灾。夏季点蚊香、烘烤食物、使用煤油炉等引起火灾。

（5）纵火。犯罪分子出于某种目的窜入室内、走廊、楼梯等处放火引起火灾，多发生在深夜。

（6）玩火。玩火多半是由于对火好奇的小孩，玩点燃的火柴或打火机时不小心引燃窗帘等物，着火后小孩因惧怕而逃出，等大人发现时火势已扩大。

（7）自燃起火或物品混乱堆放起火。由于不懂防火知识，居民将具有自燃性质的物质带入楼内，随意存放或堆放，或因使用不当而引起火灾。

（8）炉子与可燃物接触，或者可燃物掉在炉子上，以及烘烤的衣物受到炉子热辐射作用而起火。

3. 燃煤炉引起火灾的原因是什么？

（1）炉盖、金属炉体表面的热辐射或炉内蹿出的火焰、火星引着附近可燃物。

（2）烟囱与房屋内可燃物距离太近，可燃物被炽热的烟道烤着或烟道裂缝滋火引着起火。

（3）燃烧的煤块落到炉门外引燃周围的可燃物。

（4）在炉旁烘烤衣物，因距离太近，衣物被烤着起火。

（5）生火时使用汽油、煤油等易燃液体引火引起火灾。

（6）将未熄灭的炉灰倒在可燃物上或火星被风刮到可燃物上着火。

（7）火炕因炕面过热，烤着炕席、衣服、被褥起火。

4. 燃煤炉的防火措施有哪些？

（1）炉子应安装在通风可靠的位置。

（2）砌筑砖石炉灶要选择合适的建筑材料并认真砌筑，防止炉体烟囱、火墙或火炕因材质不良而开裂漏火。

（3）室内安装炉子时一定要安装烟囱。烟囱的材料和管壁厚度应根据炉灶温度确定。烟囱接口要严密，不要漏气。烟囱外壁与可燃构件之间应保持一定的安全距离。若达不到安全距离的要求，应用石棉瓦、砖等不燃材料分隔，以防炽热的烟囱烤着可燃物。对已建成投入使用的烟囱，要经常检查，发现裂缝及时修补；不要在烟囱上烘烤衣物。

（4）炉子周围不要存放易燃物和可燃物。

（5）在有木板墙和木板地的房屋内设置火炉时，应使用隔热物将火炉与墙板、地板隔开，可用石棉板、铁皮、砖等隔离。

（6）使用炉灶时，严禁用汽油、煤油等易燃液体引火。

（7）煤灰如急需外倒，应用水浇透，并最好倒在灰坑内，以防"死灰复燃"造成火灾。

（8）烧红的火钩子等不能放在易燃物上。

（9）炉灶使用期间，尤其是烘烤衣物时，要有人照看，人不在室内时应将衣物拿开。

（10）农村烧灶、烧炕要做到：火着人在，人走火灭，灶前光。

（11）经常检查炉灶、烟囱，发现破裂漏烟等要及时维修。

5. 对炉灶安装的金属烟囱有什么要求？

金属烟囱距可燃墙壁、屋顶不应小于 70 cm，距可燃屋檐不应小于 10 cm，高出屋檐不应小于 30 cm。同时烟囱穿过可燃墙、窗时，其周围应用不燃材料隔开。

6. 炉灶的"死灰"能酿成火灾吗？

"死灰"是指燃烧后剩下的灰，如燃烧过的草木灰、煤灰等，从表面上看没有光亮，好像熄灭了，实际并没有全部熄灭。因为可燃物被加热后，迫使物质中的分子运动加剧，分子间互相碰撞产生热量，随着温度升高，分子向外辐射电磁波。随着温度升高，辐射强度增加，由长波段转变为短波段；反之，温度降低，辐射强度也随之降低。

当物质达到着火点时，人眼能看到的电磁波就是光，当温度在 500 ~ 1200 ℃ 时辐射暗红色的光，1200 ~ 1500 ℃ 时辐射蓝色、绿色、红色混合在一起的白光。

因此，从炉灶内刚掏出来的灰烬，表面上不发光，但还有很高的温度，经过风吹，未燃尽之物得到充足的空气又继续燃烧起来，容易引燃附近的可燃物，酿成火灾。所以刚从炉灶内掏出的炉灰要用水浇灭或倒入桶内，防止"死灰"复燃。

7. 做饭用火引起火灾的原因有哪些？

（1）在炉上煨炖鸡、鸭、猪肉、羊肉等食品时无人看管,浮在汤上的油溢出锅外,遇明火燃烧。

（2）油炸食品时,锅内油过多或油锅搁置不稳使油泼出,遇火燃烧。

（3）烧菜、煎炸食品时,油锅加热时间过长,当温度超过油的自燃点时即起火燃烧,遇到可燃物会引起火灾。

8. 防止做饭用火发生火灾的措施有哪些？

（1）烹饪时,周围不得存放可燃物。

（2）油炸食品时,油不能放得太满,人也不能离开油锅,且油锅搁置要稳妥。

（3）煨炖各种肉汤时,应有人看管,汤不宜太满,在汤沸腾时应降低炉温或将锅盖打开,防止浮油溢出锅外。

9. 炒菜时油锅起火的对策是什么？

（1）窒息法。用锅盖或能遮住锅的大块湿布、湿麻袋,从人体处朝前倾斜遮盖到起火的油锅上,使燃烧的油火接触不到空气,因缺氧而立即熄灭。同时将油锅平稳地端离炉火,待其冷却后才能打开。

（2）冷却法。如果厨房里有切好的蔬菜或其他生冷食物,可沿着锅的边缘倒入锅内,利用蔬菜、生冷食物与着火油温度

差,使锅里燃烧着的油温度迅速下降。当油达不到自燃点时,火就自动熄灭了。

（3）油锅一旦起火,千万不要用水往锅里浇。因为冷水遇到高温油会形成"炸锅",使油火到处飞溅,很容易造成火灾和人员伤亡。

（4）为防止油锅起火,在炒菜或煎炸食品时,须注意控制油温,锅下的火苗不能太大。当热油开始冒烟时,应用小火或把火熄灭,以降低温度。

10. 怎样预防小孩玩火引起的火灾?

防止小孩玩火引起火灾,主要的措施是加强宣传教育。幼儿园、学校教师要重视这方面的教育,宣传、教育等部门和街道办事处都要积极配合,可以组织小孩参观消防队,观看防火安全教育的影片,使防火教育生动形象。特别是在暑假、寒假和农忙季节,有关部门还应尽可能把小孩组织起来,开展有益的活动,既避免小孩因空闲而玩火,又可以消除家长们的后顾之忧。

教育孩子不要玩火,做家长的更是责无旁贷。家长要加强对小孩的早期防火安全教育。我们教育小孩不要玩火必须做到如下"六要、六不要":平时要把火柴、打火机等火种放在小孩不易拿到的地方,不要把火柴、打火机当玩具逗引小孩玩火;各种灶具要放在小孩摸不着的地方,不要让小孩开启煤气、沼气、液化石油气开关;在家中的床下,不要放汽油、香蕉水、酒精之类的危险品,要将危险品放在柜子中锁好;家长和成年人外出的时候,要关好厨房门,切断除冰箱外的家用电器电源,不要把小孩单独留在家中,更不能把小孩锁在家里;对残疾小孩更要照看好,也不要让他们烧火做饭,以防发生危险;不要让小孩在有可燃物的地方放烟花、爆竹,发现小孩玩弄爆竹中的火药或以火柴头做其他玩具时,要严加制止。

11. 小小烟头为什么能引起火灾?

在吸烟不慎引起的火灾中,最突出的原因是吸烟者随手乱丢烟头而引燃可燃物导致火灾发生。许多人不禁要问,一个小小的香烟头,怎么会有这么大的能量呢? 先让我们弄清楚香烟是怎样燃烧的。

香烟的燃烧状态,可分自由燃烧和吸烟时燃烧两种,当然这两种燃烧是交替进行的。由于品种不同,香烟燃烧的最高温度有所不同,因而各燃烧区域的温度也不同。一般来说,香烟中心部位温度高达 700 ~ 800 ℃,在卷纸的燃烧边缘温度达 200 ~ 300 ℃。一般可燃物的燃点大多低于烟头表面温度,如纸张为 130 ℃,棉花、麻绒为 150 ℃,棉布、麦草为 200 ℃,松木为 250 ℃,涤纶为 390 ℃。一支香烟的燃烧时间为 4 ~ 14 min,假如剩下的一个烟头为烟长的 1/4,那么也就是说这个烟头的燃烧时间为 1 ~ 4 min,在这段时间内就能够将一般可燃物点燃,经过一段时间阴燃后,便着火燃烧成灾。根据试验,香烟引起棉絮、木棉着火需 3 ~ 7 min,引起腈纶着火只需 1 min 左右。由此可知,乱扔烟头容易酿成火灾也就不奇怪了。

风速对香烟燃烧也有影响,风速 1.5 m/s 时香烟最容易燃烧,风速达 3.0 m/s 时则很容易熄灭。据试验,在自然通风的条件下,把烟头扔进木屑中深度为 5 cm 时,经过 75 ~ 90 min 的阴燃,便开始出现火焰;把烟头扔进木刨花中深度为 5 ~ 10 cm 时,

经过 60～100 min 后开始燃烧的概率为 75%。如果烟头遇可燃气体和易燃液体的蒸气,危险就更大,因为这些气体的点火能量很低,只要遇到一点火星或火花,就会引起燃烧或爆炸。

香烟的自由燃烧速度与放的位置也有关系。在无风的条件下,水平放置时,烧到香烟过滤嘴一端共需 14～15 min;垂直放置时,由下往上燃烧到过滤嘴需 12～13 min。

烟灰同样能引起火灾。完全燃烧的烟灰为灰白色,没有完全燃烧的烟灰为褐色。烟头上的烟灰弹落时,有一部分呈不规则的颗粒状,也常伴有火星,虽然燃烧时间短,但若落在其他干燥、疏松的可燃物上,也会引起燃烧。

12. 防止燃放鞭炮时引起火灾的措施有哪些?

(1)严格遵守国家和当地人民政府的有关规定,不能在不准燃放烟花、爆竹的区域燃放。只能购买和燃放印有生产厂家、商标和燃放说明的小鞭、双响及普通烟花等。

(2)燃放前必须仔细阅读烟花、爆竹上的燃放说明,按照燃放方法和要求摆放。长鞭要用长竹竿挑着放;双响和普通烟花应直立于地面上,切不可颠倒方向,点燃后人要迅速离开 5～6 m 远;不要用手拿着放,也不要斜摆着或用东西压着放,更不要点燃后用手甩放,否则很容易烧着衣服、炸伤人体,甚至引起火灾。

(3)燃放地点必须远离易燃房屋、棉花垛、木材垛、稻草垛、各种物资仓库、露天货物堆场、加油站、煤气站、液化石油气站等危险区域,也不能在房屋内、房顶上、阳台上、晒台上燃放,绝对不可向下燃放或投掷鞭炮,在建筑密集且建筑条件差的居民稠密区域更不能燃放烟花、爆竹,以免着火纸屑四处飘落,造成火灾。当发现烟花、爆竹残片上有阴燃的火星时,要立即将其熄灭。

(4)小孩燃放烟花、爆竹应有大人看管指教。

(5)阳台和屋顶平台等处堆放可燃物时,要用难燃或不燃的东西予以遮盖,最好是将可燃物放到安全地方。节日离家外出时,要关好门窗,防止烟花、爆竹飞进屋内引起燃烧。5级以上大风的天气不能燃放烟花、爆竹,否则很容易引起火灾。

(6)烟花、爆竹买回家后,要选择没有热源、火源、电源的地方妥善存放。

13. 点燃蚊香驱蚊子怎样注意防火?

(1)点燃蚊香时,一定要把它固定在专用的铁架(同蚊香配套供应)上,最好把铁架放在瓷盘或金属器皿内,要与桌、椅、床、蚊帐等可燃物保持一定距离。

(2)点燃的蚊香要放在不易被人碰到或被风吹到的地方。

(3)室内有易燃液体(汽油、酒精等)和煤气、液化石油气等泄漏时,不宜在室内点燃蚊香。

(4)若在工作的地方点燃蚊香,当人员离开时,一定要把蚊香熄灭,不能留下安全隐患。

(5)睡觉之前,要注意检查一下点燃的蚊香。在确保安全之后,方可去睡觉。

14. 用脚炉、手笼等取暖应注意什么?

(1)要把炭灰压好,不使其过旺。

(2)放在被窝里取暖时应有人照看,在老人或病人睡熟前

取出,不可过夜。

(3)脚炉、手笼里的热灰不要随便乱倒,以免引起火灾。

15. 使用火盆、火桶和火炉取暖应注意哪些防火事项?

(1)火盆不宜放在木架上,如直接放在地板上时应用砖等隔热,防止烘焦木架或地板引起火灾。

(2)在火桶或火盆内用树枝或干草等为燃料取暖时,注意不能将火烧得太旺,以防火焰蹿得太高引起火灾。

(3)燃料堆放应远离火桶、火盆。

(4)利用火炉、火盆等烘烤衣服、尿布等时,必须妥善支架,并保持足够距离,以防衣服、尿布等掉入火中被烤着而引起火灾。

(5)入睡前应将火盆、火桶里的炭灰埋好,或将火炉盖好,并应检查房间通风情况,防止引起火灾和发生煤气中毒。

16. 外出度假时怎样预防家庭火灾?

(1)检查液化石油气钢瓶上的阀门是否关死,炉灶上的阀门是否关严。

(2)检查天然气入户总管上的阀门是否关死,炉灶上的阀门是否关严。

(3)检查燃炉是否封妥,烟囱附近是否有可燃物。

(4)检查室内各种电源插头是否拔掉,最好拉闸停电。

(5)检查室内可能引起燃烧的物质是否清扫干净。

17. 住楼房怎样注意防火？

(1) 如果住户使用的是天然气灶具(包括液化石油气、煤气灶具)，一定要放在厨房内，不能放在楼道或楼梯间。要经常检查灶具是否漏气。有条件的在室内安装可燃气体报警器。

(2) 使用家用电器时，不要超过电能表的额定负荷，每户都应单设电闸和保险，不要乱拉电线，不用时要及时关上开关。

(3) 阳台上不要堆放可燃物。

(4) 楼房的垃圾通道只能倒垃圾，不能往垃圾通道内倒燃烧着的废纸、木料等可燃物和未灭的灰烬，否则会引燃垃圾造成火灾。

(5) 不要让小孩玩火。

(6) 不要在楼上放鞭炮。

(7) 不要在电梯内吸烟。

18. 独居老人怎样防火？

(1) 凡是老人居住的房屋，其建筑结构应考虑到防火性能，也就是室内要尽量用阻燃材料，特别是厨房的炉具、卧室的灯具附近不能有易燃、可燃物，家用电能表要安装符合标准的保险丝，而不能用其他金属丝(如铜丝、铁丝等)代替。

(2) 记忆力减弱的独居老人，在室内使用蚊香时不能紧挨可燃物，更不能用可燃物作为搁置蚊香的底托。

(3) 独居老人使用的寝具、沙发、窗帘、台布等，最好用阻燃织布制作。

（4）使用液化石油气的独居老人家庭,特别要注意关好灶具阀门。若关闭不严,可燃气体往外泄漏,而老人的嗅觉又不灵,极易引发火灾。

（5）独居老人平时要与邻居搞好关系,做子女的可委托邻居关照老人的生活,有条件的可安装报警铃,这样,老人一旦发现火情,可拉警铃请邻居来扑救。

（6）独居老人家庭最好不用电炉、电熨斗,因为老人记忆力相对较差,容易忘记拔下这些电器的电源插头,通电时间长了,电器元件就会发热、升温,可能会引起火灾。

（7）寒冷地区的家庭,一般不要给独居老人使用电热褥。

19. 独居老人发现火情如何处理?

（1）不要惊慌,找到火种,如果问题不严重,可用水或厚实的不可燃物将火种扑灭;如果是因为用电不慎而引起的火灾,需立即切断电源。

（2）发现火情蔓延很快,要大声呼救,同时用湿毛巾捂住口鼻迅速逃离。如用电话报火警,要告诉对方您的家庭住址。

（3）如大火已将逃离的出口堵死,可打开窗户呼救。

20. 停电之后应注意哪些防火问题?

（1）有条件的家庭,要用应急照明灯照明,尽量不用明火照明。若条件受限而用油灯、蜡烛等明火照明时,要远离蚊帐、报纸等可燃物。应将油灯、蜡烛放在非燃物体上并加以固定,严禁放在可燃物上,以免发生意外。

（2）家庭使用油灯、蜡烛应急照明必须有人看管，做到人离开或睡觉前将火熄灭。大人离家而小孩在家睡觉时，千万不能点油灯、蜡烛照明。

（3）不要拿着油灯、蜡烛在床底下、橱柜内及其他狭小的地方找东西，以免不小心点燃可燃物引发火灾。

（4）停电后要将电熨斗、电烙铁等电热器具的电源插头及时拔掉，防止来电后长时间通电、温度升高引燃可燃物而着火。

（5）对于油灯，尽可能采用有玻璃罩的油灯。加罩的灯不仅比无罩的灯明亮，而且更安全。在玻璃罩上不得加纸罩，以免烤焦起火。严禁用汽油作煤油灯的燃料，以免发生危险。

21. 冬季容易发生火灾的原因是什么？

（1）可燃物易燃。冬季雨水稀少，气候干燥，各种可燃物最容易着火燃烧。

（2）火源多。冬季天气寒冷，日短夜长，用火用电比较多。

（3）发现火情迟。因为冬季人们在户外活动时间少，不经常巡逻检查，一般初起火时不易发现。

（4）冬季风大物燥，火势蔓延快。

22. 怎样做好楼梯、过道等公共区域的防火？

（1）要自觉遵守家庭防火守则。

（2）楼梯、过道、走廊、楼门等处不得堆放物品，以保持畅通无阻。

（3）不得在楼梯、过道、走廊等处存放易燃、可燃物和燃放

烟花、爆竹;不要乱扔烟头;不要敬香烧纸或置放燃烧着的燃煤炉等。

(4)不得将没有熄灭的炉灰及没有熄灭的烟头倒入垃圾箱、垃圾道。

(5)不得在垃圾道口及楼下的垃圾箱中焚烧垃圾。

(6)教育小孩不要在楼梯、过道、走廊等处玩火。

(7)不得在楼梯、过道、走廊等处私自乱接电线,不得使用不符合要求的保险丝、保险片。

(8)不得随意动用、损坏楼内的消防设施和器材。

(9)对于高层住宅,楼梯间通往房顶的疏散门不得锁闭。

23. 为什么不准把消防器材挪作他用?

消防器材是用来扑救火灾的,火灾什么时候发生,人们无法预先知道,所以要随时做好准备。救火是分秒必争的事,如能保证消防器材完整好用,就可能把火灾扑灭在初起阶段;如果消防器材不可使用,耽误了时间,小火就会变成大火。

有的住户把消防桶当提水桶用,甚至当垃圾桶用,这样做是错误的;还有个别人拿灭火器来喷射取乐,那更是违法的,应当给予严肃处理。任何单位和个人都应该保持消防器材的完好和正常使用,不得挪作他用,更不能随意损坏。如果遇到上述情况,应将信息及时反馈给消防部门,以便消防部门采取应对措施。

第二章　家庭配电装置及照明防火

1.配电线路发生火灾的原因是什么？

配电线路发生火灾的原因,主要是线路漏电、短路、超负荷运行、接头接触电阻过大而产生电火花、电弧及引起导线过热等。

2.家庭安装电线怎样注意防火？

(1)家庭中室内电线严禁使用裸线或绝缘包皮破损的电线。

(2)电线的截面积必须与家庭中各种家用电器用电总容量相匹配。电线的截面积过小,造成电线超负荷,容易过热而烧坏电线绝缘引起火灾。

(3)禁止将电线直接装置在潮湿的水泥或石灰粉刷的墙壁上。

(4)室内明线穿过墙壁的一段应用瓷管、钢管或塑料管保护。

(5)电线转弯处应加瓷夹板,交叉处应有绝缘管。

（6）电线应离开炉火、暖气片等热源。

（7）电线相接处、连接电灯和连接家用电器等地方的接头应紧密牢固。否则，会因接触电阻大、发热温升过高、电线绝缘被烧坏而引起火灾。

此外，严禁用铁丝代替保险丝，电线用到一定年限（10～20年）要注意检查，发现问题应及时更换。

3. 配电线路漏电为什么能引起火灾？ 布线漏电怎样判断及排除？

电线的绝缘材料因受热和受潮，会逐渐降低其绝缘强度，对电流不起隔离作用，以致有一部分电流通过绝缘强度较弱的绝缘材料层流到外面，形成漏电。时间越长，绝缘损坏越严重，漏电也越严重，会导致绝缘过热而引起火灾。

布线漏电一般可以这样判断：凡是在漏电线路内的电灯，一般较暗，并且电能表铝盘转动较快。

引起漏电的主要原因是：①线路安装不符合技术规范要求。②线路和设备受潮、受热而降低了绝缘性能。③线路连接处恢复的绝缘不符合要求，或恢复层绝缘带松散。④线路和设备的绝缘老化或损坏。

漏电故障的排除可针对上述原因采取相应的措施：纠正不符合技术规范的错误安装；排潮气、隔热源；更换绝缘良好的导线或电气设备。

4. 配电线路发生短路的原因是什么？

（1）选用的导线不符合环境要求，受高温、潮湿或腐蚀等作用而失去绝缘性能。

（2）绝缘陈旧、老化或受损，使线芯裸露。

（3）线路电压超过额定值，导线绝缘被击穿。

（4）移动的电灯、电炉等的引线，不用插头而使用导线的裸端直接插入插座，造成短路。

（5）电线保护铅皮被折断或受到机械损伤。

（6）熔断器不合适，不能及时切断短路线路。

（7）电线机械强度不够，断落接触地面。

（8）电线被硬的东西碰伤、砸伤，用铁丝绑扎或吊挂电线，电线穿过楼板、墙壁时未加套管保护，电线经常在地上拖来拖去，所有这些做法都会使绝缘损坏而发生短路。

5. 预防电线短路起火的措施有哪些？

（1）首先要克服忽视安全的麻痹思想。安装线路一般要由电工负责，不能自己随意乱拉电线；在线路运行过程中，发现绝缘破损要及时加以修理或调换。

（2）要根据导线使用中的不同环境情况选用不同类型导线，即导线应符合所处环境如潮湿、化学腐蚀、高温等各种使用条件的要求。

（3）安装线路时，导线与导线之间，导线与墙壁、顶棚、金属建筑构件及固定导线用的绝缘子之间，应有符合要求的间距。距地面 2 m 以内的导线，以及穿过楼板和墙壁的导线，应用钢管、硬质塑料管或瓷管保护，以防绝缘遭到损坏。

（4）线路上应按规定安装断路器或熔断器，以便在线路发生短路时能及时可靠地切断电源。

(5)电线的接头处不要"一刀切",而应相互错开一定位置。经常移动的电线,应采用绝缘橡胶护套电缆,并且当中不能有接头。

(6)在线路运行时,可定期请电工检查绝缘强度。发现问题应及时采取措施加以解决。

6. 造成配电线路超负荷的原因是什么?

(1)设计线路时,新线选线太细,截面积太小(即与负荷电流值不相应)。

(2)在线路中接入功率过大的电气设备,超过了配电线路的负荷能力。

(3)乱拉电线,过多地接入并联负载。

(4)保险丝选用不当。保险丝选细了,经常断电,不利于供电;保险丝选粗了,超负荷时保险丝不断,造成过热烧坏电线绝缘,也容易引起火灾。

7. 防止配电线路超负荷起火的措施有哪些?

(1)根据用电负荷大小,选用适当的导线,在原有线路上不得擅自增加用电设备。

(2)线路与电气设备都应严格按照电气规程安装,不准随便乱装乱用,防止因绝缘损坏而发生漏电或短路碰线。

(3)根据线路的运行情况,如发现严重超负荷现象时,应从线路中切除过多的用电设备或将导线的截面积调大。

(4)保护线路或电气设备用的保险丝要按有关规范确定,

不能任意调粗,更不准用铁丝或铜丝代替。

8. 电线使用一定年限后会不会引起火灾？

电线使用期限的长短,取决于电线的质量和电线安装的环境。电线主要靠外面一层包皮绝缘,时间一长,受到腐蚀性气体的腐蚀,外面那层包皮绝缘性能逐渐降低,慢慢老化变硬、发脆或脱落,这时就不起绝缘作用了。

家用电线外层绝缘多用塑料和橡胶制成,使用时间长了就会老化,失去绝缘作用。天气干燥时,还能勉强对付,而天气潮湿,尤其是下雨时,就要"走电",引起事故。一般家用电线正常情况下使用年限可达 10~20 年。

电线失去绝缘性能是很危险的,如果两根电线碰在一起或火线碰到与大地相接的东西,就会发生跑电现象,使局部电线的温度升高,产生火花。如果电线附近有易燃物就容易引起着火,造成火灾。要经常查看使用到一定年限的电线的绝缘情况,特别在梅雨季节到来之前要认真检查,发现老化要及时更换。

橡胶、塑料接触高温后非常容易老化。所以,在高温场所不宜用橡胶线、塑料线,要在导线外面加瓷套管;在潮湿、有酸性气体的地方,电线也应装在套管里。

9. 室内装修布线的防火安全措施有哪些？

室内所采用的导线常为塑料绝缘导线或橡胶绝缘导线。绝缘导线的绝缘强度应符合电源电压的要求,电源电压为 380 V 的应采用额定电压为 500 V 的绝缘导线,电源电压为 220 V 的

应采用额定电压为 250 V 的绝缘导线。

导线类型的选择是根据使用环境确定的,一般场所可采用一般绝缘导线,特殊场所应采用特殊绝缘导线。

由于三级、四级耐火等级建筑物的闷顶内可燃建筑构件较多,有的还有易燃的保温材料,发生火灾时会迅速蔓延扩大,平时对闷顶内的线路进行维护管理也不方便,所以在闷顶内布线时要用金属管保护。

采用一般绝缘导线,应尽量避免沿温度较高的管道或设备的表面敷设。如在这些物体的表面敷设导线时,宜采用耐热线。

用可燃材料装修的场所的线路应穿金属管或阻燃塑料管,安装有困难时可采用有金属保护层的绝缘导线。

10. 室内装修布线如何选择导线的截面积?

(1)确定负载电流的大小,允许载流量(安全载流量)不应小于负载的计算电流。

(2)根据负载电流、环境温度及敷设方式选择导线截面积。

(3)对较长线路和较大负载在选定导线截面积以后,要核验线路的电压损失。电动机的电压一般不低于额定电压的5%,最远一只照明灯泡的电压不得低于额定电压的6%。

(4)导线截面积不应小于规定的最小截面积,以满足机械强度的要求。

11. 室内装修布线有哪些要求?

(1)导线耐压等级应高于线路工作电压,截面的安全电流应大于负荷电流。导线应满足强度要求,绝缘应符合线路安装方式和环境条件。

(2)线路应避开热源;如必须通过时,应做隔热处理,使导线周围温度不超过 35 ℃。

(3)线路敷设用的金属器件应做防腐处理。

(4)各种明布线应水平和垂直敷设。导线水平敷设时距地高度不小于 2.5 m,垂直敷设时距地高度不小于 1.8 m,否则需加保护,防止机械损伤。

(5)布线要便于检修,导线与导线、管道交叉时,需套以绝缘管或做隔离处理。

(6)导线应尽量减少接头。导线在连接和分支处,不应受机械应力的作用。导线与电器端子连接时要牢靠压实。大截面导线连接应使用与导线同种金属的接线端子。如果铜和铝端子相接时,铜接线端子做涮锡处理。

(7)导线穿墙应装过墙管,两端伸出墙面不小于 10 mm。线路对地绝缘电阻不应小于每伏工作电压 1000 Ω。

12. 室内装修布线如何选用导线类型?

(1)干燥无尘的场所,可采用一般绝缘导线。

(2)潮湿的场所,应采用有保护的绝缘导线,如铅皮线、塑料线,以及在钢管内或塑料管内敷设一般绝缘导线。

(3)有可燃粉尘或可燃纤维的场所,应采用有保护的绝缘导线。

(4)有腐蚀性气体的场所,可采用铅皮线、管子线(钢管涂耐酸漆)、硬塑料管线、塑料线或裸导线。

（5）高温场所应采用以石棉、瓷珠、瓷管、云母等作为绝缘的耐热线。

（6）闷顶内有可燃物时,其内的配电线路应穿金属管保护。

（7）经常移动的电气设备,应采用软线或软电缆。

13. 室内装修布线有哪些方式？

（1）铝片卡布线。铝片卡布线多采用塑料护套绝缘导线,有防潮、耐酸和耐腐蚀的功能。可以用铝片卡直接把导线敷设在空心板、墙壁的表面。用铝片卡布线的导线截面积不宜大于10 mm²。固定点间距不应大于200 mm。距地高度垂直敷设时不宜小于2 m,连接至开关、插座等电器设备时允许为1.3 m;水平敷设时距地高度不宜小于2.5 m。

（2）瓷（塑料）夹板布线。瓷（塑料）夹板布线只适用于用电量较小、干燥、不易受到机械损伤的地方。顶棚及其隐蔽处不宜采用瓷（塑料）夹板布线。水平敷设距地高度大于2.5 m,垂直敷设距地高度大于1.8 m。线路中接装的开关、灯座、接线盒和吊线盒两侧50～100 mm应安装夹板,以固定导线。导线截面积为1～4 mm²时,夹板之间的距离为600 mm;导线截面积为6～10 mm²时,夹板间的距离为800 mm。导线穿墙必须用绝缘管保护。在线路分支、交叉、转角处,导线不应受机械应力作用,应加装夹板,并用绝缘管将导线隔离。

（3）瓷柱布线。水平敷设时距地高度大于2.5 m,垂直敷设时距地高度大于1.8 m,否则应加保护设施。导线分支、分叉和转角时,导线之间应用绝缘管隔离。

（4）瓷瓶布线。采用瓷瓶布线的绝缘导线,铜芯截面积应大于 1.5 mm^2,铝芯截面积应大于 2.5 mm^2。水平敷设距地高度大于 2.5 m,垂直敷设距地高度大于 1.8 m。穿墙时应采用绝缘管。

(5)槽板布线。槽板布线适用于电荷小的照明、生活用电和干燥的地方,槽板内布设耐压 500 V 的绝缘导线,截面积小于 4 mm^2,槽内不得有接头,接头要使用接线盒,槽板应设于明处,不得穿过楼板和墙壁。

(6)线管布线。常用线管有水和煤气钢管、电线钢管、硬塑料管 3 种。电线管应敷设在热水管的下面,相距 0.2 m;必须敷设在上面时,相距 0.3 m。敷设在蒸汽管下面时,相距 0.5 m,在上面时相距 1 m。电线管与其他管道(不包括可燃气体、液体管道)平行净距不小于 0.1 m。与水管平行敷设时,应敷设在水管上面。

14. 电线管和木槽板内的导线为什么不许有接头?

电线管和木槽板内的导线如果有接头或焊接点,运行一定时间之后,可能因接触不良而引起过热甚至着火。因此,使用电线管配线时,导线接头和焊接处必须在管外接线盒内;木槽板配线时,导线接头或焊接点必须在槽板外(露在外面)。

15. 熔断器的火灾危险性如何?

熔断器是配电线路和电器设备的保护装置,如果忽视防火安全,不按规定选用保险丝,或用铜丝、铁丝代替,则当配电线路发生短路或超负荷时就起不到保护作用,甚至会引起火灾。

如果把可燃物放置在熔断器的附近,或在熔断器的周围积落有可燃粉尘和纤维,当熔件爆断时由于火花的飞溅则可能引起燃烧。

在熔断器的附近如果有金属丝或小动物等,也容易造成相间短路或接地短路而发生火灾。

16. 预防熔断器发生火灾的安全措施有哪些?

(1)选用熔断器的保险丝时,保险丝的额定电流应与被保护的设备相适应。

(2)一般应在电源进线和导线截面积有改变的地方安装熔断器,尽量使每段线路都能得到可靠的保护。

照明线路保险丝的额定电流应稍大于实际负荷电流(一般不宜超过负荷电流的 2 倍),但不应大于电能表的额定电流和导线的安全载流量。

(3)为避免熔件爆断时引起周围易燃物燃烧,熔断器不宜装在火灾危险性大的房间,否则应加密封外壳,并远离可燃建筑构件。

(4)经常除尘,以保持熔断器的清洁。

(5)有爆炸危险的场所,不能安装一般的熔断器。

17. 保险丝为什么能保险?

由于种种原因,在用电时发生短路、超负荷等情况总是难免的,但多数却未损坏电气线路或设备,也未引起火灾,这首先要归功于保险丝的保护作用。

常用的低压保险丝由铅、锡、锑及其合金的低熔点材料制成。当通过的电流超过额定值而达到熔断电流时,它会马上熔断,及时切断电源,这样,在发生短路或超负荷时,就能很好地保护电气线路和设备,也能避免火灾。

保险丝的规格多种多样,应当根据电气线路上的安全载流量的大小来选用保险丝。不同材质、粗细的保险丝,其额定电流是不一样的。同样材质的保险丝越粗,额定电流越大。保险丝的熔断电流等于额定电流的 2 倍左右。

选用的保险丝过细,经常熔断,会给生活带来不便;过粗,则在发生短路或超负荷时就不会迅速熔断,达不到保护的目的。有些人发现保险丝常常熔断,不是认真检查线路上的故障,而是随意改用较粗的保险丝,甚至以铁丝代替。这种冒险做法虽能得到一时的方便,却往往埋下了隐患。电线短路、超负荷引起的火灾,多半与保险丝不符合规格有关。

按照规格正确选用保险丝及熔断器,是预防电气火灾的一项手段。如果发现保险丝或熔体经常熔断,就要认真检查用电部分可能存在的各种故障,及时找出原因,予以解决,切不可随便加粗保险丝,更不能用铁丝或其他金属丝来代替。

18. 怎样用铜丝来代替保险丝?

有的用户,当保险丝熔断后,一时找不到保险丝,就用铜丝等代用。如果选择不当,会引起严重的后果。那么,是否可以用铜丝代用呢? 铜丝是一种热惯性小而熔断动作快的材料,只要严格按照要求选配还是可以代用的。

以铜丝作保险丝,其额定电流见表 2-1。

表 2-1 以铜丝作保险丝的额定电流

线径/mm	额定电流/A	熔断电流/A	线径/mm	额定电流/A	熔断电流/A
0.31	2.5	9	0.5	14	29
0.35	5	15	0.56	17	35
0.4	8	19	0.6	20	40
0.45	11	25	0.71	25	50

最后需要指出,保险丝的选择还与触电保护有关,应学习了解这方面的内容。

19.家用电器装置件的起火原因是什么?

(1)开关安装不恰当,特别是安装在可燃物上的开关,当导线在引出处擦伤护套使线芯裸露或雨水等侵入时,可能造成短路打火。

(2)家庭厨房使用煤气、液化石油气、天然气等可燃气体,若因管道或阀门泄漏,使可燃气体与空气混合后达到爆炸极限时,开闭开关产生的火花可能引起火灾、爆炸事故。

(3)悬吊式开关吊在床上使用时,往往会因开闭开关随手一放,开关撞击床架或墙壁而打破外壳造成短路起火。

(4)灯座的工作电压和工作电流与所作用的灯泡额定功率不符,造成长期过载,导致电极温度过高。

(5)插口或螺口灯座配用的线端剥皮过长造成短路,或接触不牢造成接触电阻过大。

(6)安装灯座过程中,拧转灯座而使电线绞在一起,或裸露线芯过多,散开后碰到另一端而造成短路起火。

（7）带插座的吊灯座配用的负荷电源线截面积较小,而使用的功率过大（如电熨斗、电饭锅、洗衣机等）,使电源线芯发热甚至着火燃烧。

（8）吊灯座如装在狭小及通风不良的厨房,时间过长会在灯座接线周围积聚一些烟油物质,这些污物不是绝缘的,往往会引起短路,使烟油燃烧引起火灾。

（9）插座被易燃物压住或有粉尘落入,造成短路发热燃烧;或因安装在有爆炸危险场所,插入或拔出插头时产生火花引起爆炸。

（10）插头损坏又未及时进行更换,而用裸线头代替插头插入插座,造成短路或产生火花,引起可燃物起火。

20. 防止家用电器装置件起火燃烧的措施有哪些?

（1）家用电器装置件除了合理选购外,还要正确安装,并注意电器装置件的使用电压必须与实际线路工作电压相符。同时,一般装置件不要安装在露天和有腐蚀气体的场所。如果需要安装在露天场所,必须采取防雨措施,以防降低绝缘性能。

（2）家庭厨房使用的电器装置件,有条件的最好安装防爆或密封式的,否则,使用的煤气、液化石油气、天然气等若有泄漏,便与空气混合达到爆炸极限,当装置件使用中打出火花或产生电弧时,就会引起火灾或爆炸。

（3）使用悬吊式开关时,必须在导线的引出口装卡压导线的装置或弹性护套,以预防导线被拉脱或折断,还可防止撞击碰坏绝缘。

（4）电器装置件与导线连接处必须接触牢固，以防造成接触电阻过大，温度过高，引起火灾。

（5）各种电器装置件与电源线连接时，线端剥皮不得过长，用螺钉固定的线芯也要防止过长，以防造成人为短路。

（6）电器装置件的电源线截面积要选用适当，若使用的电器功率较大（如电熨斗、洗衣机等）会导致电源线芯发热甚至起火。

（7）安装在通风不良的厨房内的吊灯座、灯座接线周围烟油物质积聚过多时，应予清理，以防造成短路引起烟油起火。

（8）插座附近不应堆积可燃物，并应防止可燃粉尘落入。当需要安装在粉尘大的场所时，应有防护措施，以防短路而引起可燃物燃烧。

（9）插头、插座损坏后要及时更换；千万不要用裸线头代替插头插入插座，以防造成短路引起火灾。

21. 低压配电板起火燃烧的原因是什么？

（1）配电板用可燃材料制作，导线选择不合理、接触不牢。

（2）开关、熔断器、仪表等选择不当。

（3）因缺乏维修产生短路、接触电阻过大或过负荷。

（4）熔断器保险丝选择不当，在电流增大时起不到断电的作用。

（5）配电板的开关在拉、合时保险丝熔断产生火花，引燃板下堆放的柴草等可燃物，造成火灾。

22. 防止配电板发生火灾的安全措施有哪些?

（1）配电板的板盘可用厚为 20～30 mm 的干燥木板，或用铁板、塑料板等制成。木结构配电板的板面应采用耐火材料或铺设铁皮、涂防火漆等。

（2）配电板应安装在干燥、没有灰尘的室内，不应安装在潮湿的场所，也不应安装在易燃、易爆危险场所。室外配电板应有防尘、防雨雪措施。

（3）配电板中的配线应采用绝缘线，不能使用破线和裸线，配线的粗细应根据电流负荷的大小来选择，接头要牢固。敷线应连接可靠，排列整齐，尽量做到横平竖直，绑扎成束，且用线卡固定在板面上，尽量避免导线相互交叉，必须交叉时应加绝缘套管。

（4）配电板中的开关、熔断器、电能表应符合电源电压要求。接线采用绝缘导线，穿过木盘时应加瓷管头。

（5）配电板上安装的闸刀开关和保险丝盒断开时不应带电。垂直装设的闸刀开关和保险丝盒上端接电源，下端接负荷；横装时，左侧接电源，右侧接负荷。

（6）配电板装在墙上时，盘底距地高度应不小于 1.2 m；专为安装电能表的配电板距地高度为 1.8 m。

（7）配电板的金属外壳应有良好接地性能，接地电阻不大于 4 Ω。

（8）配电板应保持清洁，附近不得堆放可燃物。

23. 安装家用电能表怎样才算安全？

（1）电能表的电流安培数，应适合于家用电器总用电量。一般家庭采用 1.5～2.5 A 的电能表较合适。

（2）电能表电压必须符合电源电压。电源电压 220 V，就不能用 110 V 的电能表，否则电能表的电压线圈将会被烧坏引起事故。

（3）电能表应安装在干燥的位置上，不能安装在厨房或靠近煤气炉的上方。

（4）电能表安装高度要合适。电能表中心离地面高度为 1.5～1.8 m。

（5）电能表安装在配电用的木板上，并要牢固地装在可靠及干燥的墙上，不能装在门框上或木板壁上。

（6）电线接线一定要牢固，接线不能松动或接线不良，否则容易产生火花，发生危险。

24. 使用插销的防火措施有哪些？

（1）在有爆炸危险的场所应安装防爆插销。

（2）一座多用的三联插座和四联插座，使用时应该注意插座上标的额定电压与电流。若同时插了几种电器就应仔细算一下所插电器的功率是否超过多联插座允许的额定功率，比额定功率低就安全，反之则不安全。

（3）经常清除插座上的灰尘、粉尘、纤维等杂物。

（4）发现接头松动或插销损坏，要及时修复或更换。

25. 使用开关的防火措施有哪些？

(1)闸刀开关应安装在非燃材料制成的闸板或开关箱内，箱应加盖，木质开关箱的内表面应敷以白铁皮，以防起火时蔓延，开关箱应设在干燥处。

(2)安装时接线要牢靠，接线端剥皮不能过长，发现松动、损坏要及时修复或更换。

(3)潮湿场所应选用拉线开关。有化学腐蚀、火灾危险和爆炸危险的房间，应把开关安装在室外或合适的地方，否则应采用相应形式的开关，例如有爆炸危险的场所采用隔爆型、防爆充油型的防爆开关。

(4)在中性点接地的系统中，单极开关必须接在火线上，以便在电源切断后电器不再带电；否则开关虽断，电器仍然带电，一旦火线接地，有发生接地短路引起火灾的危险。

(5)不得用湿手或湿毛巾按、擦带电开关。

(6)开关损坏时应及时更换。

26. 防止照明灯具起火有哪些措施？

(1)白炽灯、高压汞灯与可燃物之间应保持适当距离，切不可用纸做灯罩或用布包裹灯泡，也不可让灯泡过分靠近衣服、蚊帐、板壁、稻草、棉花及可燃的屋顶，以免引燃起火。碘钨灯或大功率灯泡温度高，使用时更应特别小心，与可燃物之间应保持更大的距离；存放易燃、可燃物的房间不宜使用碘钨灯或大功率的灯泡；绝对不能把灯泡放在被窝里取暖，那样做不但会起火，还

有触电的危险。

（2）碘钨灯不得安装在可燃建筑构件上，要有良好的通风、隔热及散热措施。灯具附近使用的导线应采用绝缘的耐燃线。碘钨灯要与可燃物保持较大距离，一般安全距离不少于 50 cm。

（3）在可能碰撞的地方，灯泡应有坚固的玻璃罩或金属保护网，并挂在适当高度上。在灯的下面，不应存放可燃物，以免灯泡破碎掉落产生火花而引起火灾。

（4）荧光灯、高压汞灯的镇流器不应安装在可燃建筑构件上。荧光灯要与可燃物保持较大距离，一般安全距离为 15 ~ 30 cm。

（5）在可燃材料上安装功率较大的白炽灯、高压汞灯、碘钨灯和镇流器时，必须考虑通风、散热及隔热防火等安全措施。

（6）照明电线应安装保险丝或自动开关，以保证发生事故时能立即切断电源。

（7）在 36 V 以下的照明网路中，选择足够的导线截面积很重要，因为用同功率的灯泡时，在线路中所通过的电流较大，发热量大，超负荷时易出现危险。导线外应有金属管、塑料套管或橡皮软管保护，并应与其他线路有明显区别。

27. 白炽灯用纸做灯罩行吗？

白炽灯不能用纸做灯罩，因为电灯泡通电后，灯泡表面的温度比较高。电灯泡功率越大，表面的温度越高。根据实测，电灯泡表面的温度如表 2 - 2 所示。

表2-2　电灯泡表面的温度

电灯泡的功率/W	电灯泡表面的温度/℃
40	56~63
60	137~180
100	140~216
150	148~228
200	154~250

普通纸在130℃左右就会燃烧。由表2-2可知,用纸做灯罩容易着火,很不安全。

28. 防止日光灯引起火灾的安全措施有哪些?

(1)安装日光灯要注意通风散热,不要紧贴木板,并防止漏雨、受潮;不宜安装在衣柜、书柜或陈列柜里,如确有必要可将其镇流器装在柜外有良好通风散热的金属匣子里。镇流器应水平安装,底部朝上,且用瓷夹板垫起0.5 cm;不能竖装,以防止沥青熔化外溢。日光灯不可直接安装在木质结构或可燃的吊顶内,在靠近易燃结构时,用不燃材料隔开。

(2)选用日光灯成套灯具时,要注意有通风散热孔和合格的经权威部门认可的镇流器。

(3)自己绕制的镇流器要符合规格,并需经过测试;最好用电子镇流器同日光灯配套,以提高其安全性。

(4)日光灯最忌连续运行时间过长,最好运行4~5 h后就让日光灯"休息"一下;或装一个保险管,万一镇流器发热,匝间短路,保险丝便自行熔断,切断电源。如果根据需要在日光灯上

安装限时开关,日光灯将不会超时运行、发热着火。

(5)使用中如听到镇流器发出响声,手摸时温度很高,或者闻到焦味,要及时切断电源检查。

(6)日光灯具重量在 1 kg 以上应采用吊链,软线不应受力。大于 3 kg 应固定在所埋的吊钩或螺柱上,软线在吊盒和灯盒内应做结扣。金属盒应在穿线孔处加设绝缘护管。吊装日光灯的金属套管直径不应小于 10 mm,管内不得有接头。金属外壳必须接地或接零。

29. 使用落地式电灯的防火措施有哪些?

(1)落地式电灯应放置在干燥的地面上。

(2)电线接头要连接牢固,不应松动。

(3)移动落地式电灯,要防止电线与地面摩擦,因为电线与地面摩擦容易损坏电线绝缘,造成漏电,发生事故。

(4)要经常检查落地式电灯的灯体、支架和电线是否漏电。

30. 如何预防电弧和电火花的产生?

(1)裸导线间、导体与接地体之间应保持足够的间距。

(2)导线支持物和导线连接处应非常紧密和牢固,导线的敷设不宜过松。

(3)要经常检查导线的绝缘电阻,并保持导线有足够的绝缘强度。

(4)熔断器或开关宜装在不燃材料的基座上,并用不燃材料制作的箱、盒保护。

（5）带电安装和修理电器设备必须有安全措施。

31. 照明线路漏电如何查找故障？

（1）首先判断是否确系漏电。用绝缘电阻表遥测,看其绝缘电阻值的大小。或者总隔离开关上接一只电流表,接通全部电灯开关,取下所有灯泡,仔细观察。若电流表指针摆动,则表明线路漏电。指针偏转的多少取决于电流表的灵敏度和漏电电流的大小,若偏转多则表明漏电大。

（2）判断是相线与零线间的漏电,还是相线与大地间的漏电,或者是两者兼而有之。以接入电流表检查为例,切断零线,观察电流变化:若电流表指示不变,则是相线与大地之间漏电;若电流表指示为零,则是相线与零线之间漏电;若电流表指示变小但不为零,则表示两者兼而有之。

（3）确定漏电范围。取下分路熔断器或拉开隔离开关,若电流表指示不变,则表明是总线漏电;若电流表指示为零,则表明是分路漏电;若电流表指示变小但不为零,则表明是总线与分路均有漏电。

（4）找出漏电点。按上述方法确定漏电的分路或线段后,再依次拉开该线路灯具的开关,当拉某一开关时:若电流表指示回零,则是该一分支线漏电;若电流表指示变小,则表明除该分支线漏电外,还有其他处漏电。所有灯具开关都拉开后,电流表若指示不变,则表明是该段干线漏电。

依照上述方法依次把故障范围缩小到一个较短的线段范围内之后,便可进一步检查该段线路的接头,以及电线穿墙处等是否有漏电情况。当找到漏电点后,应及时妥善处理。

第三章　家用电器防火

1. 家用电器为什么容易引起火灾?

家用电器长期受热受潮,引起绝缘老化或机械损伤,产生短路;或者家庭不断增加新的电器设备,带电负荷超过原有的线路和开关的承受能力,造成局部发热产生电火花,如遇可燃物便可引起火灾;此外,由于安置不当,家用电器出现故障,特别是不按操作规程操作,有可能直接引起可燃物燃烧而造成火灾,酿成人间悲剧。因此,家用电器防火是关系到家庭幸福、社会安定的大事,必须引起高度重视。

2. 家用电器工作时为什么会发热?

电流通过导体克服电阻作用时需消耗一定的电能,这部分电能会转换成热能,它与电流的平方和电阻的乘积成正比。导体中通过交变电流时,伴随集肤效应和邻近效应还会产生额外的电能损耗。

载流导体产生的磁场经过铁质零部件形成闭路,磁场反复变化时,在铁质零部件中产生涡流;同时,磁场方向和数值的变化,也使铁磁物质反复磁化和去磁而产生磁滞损耗。这种铁磁体在交变磁场作用下的涡流损耗与磁滞损耗也会引起电器发热。

绝缘体在交变磁场作用下会产生介质损耗。这种损耗与电压有关,高压时比较大,低压时比较小。

开、关电器时的电弧、运动部位的摩擦也会引起电器发热。

3. 家用电器的通用防火安全措施有哪些?

(1)正确接线安装。安装家用电器必须按照产品技术说明中的要求进行。要考虑到电源电压是否为 220 V,损耗功率是否能承受。不能安装在潮热、灰尘多、有易燃或腐蚀性气体的场所。敷设线路时相线和零线标志明晰,并与家用电器保持一致,不得接错。家用电器与电源连接,必须采用可分段的开关和插头,禁止将导线直接插入插孔。凡有保护接地或保护接零的,都应采用三脚插头和三眼插座,并且接地。接地线与接零线正常情况下不带电,为安全起见不得装设开关和熔断器,也不要随意接在暖气管上。

(2)试通电。通电运行前首先将全部开关、手柄置于原始停机的位置,然后按产品说明书的操作顺序操作,发现异常应立即停机检查。

(3)正确使用。在使用家用电器的过程中,禁止用湿手去触摸带电的开关或家用电器外壳;对经常用手拿的家用电器,如电吹风等切忌将电线缠在手上使用;禁止用拖电线的方法来移动家用电器,需移动电器时应先切断电源;禁止用拉电线的方法拔插头。家用电器不宜长时间连续使用。在使用过程中如嗅到

异常气味或听到噪声应停止使用,切断电源检查。

(4)维护。家用电器的熔断器起保护作用,不能用铁丝代替保险丝。日常应保持家用电器的整洁和干净,经常检查供电线路的绝缘情况,发现破损及时用电工胶布包好。

(5)注意家用电器的特殊防护要求。电视机应考虑防雷保护或雷雨天拔掉天线,以防雷电波侵入或感应雷击;电视机还应考虑防护显像管和高压电容爆炸问题;有的电视机把电源插头设在输入变压器的旁边,如果长时期不拔插头,变压器长期带电,可能引起火灾和爆炸事故。对洗衣机应考虑一次洗衣不要过多,否则会产生过载运行情况;其次避免卡住,发生电动机"闷车"现象;洗衣机长期在潮湿的情况下工作,其电动机和电源导线均容易发生漏电和绝缘老化现象,从而减少洗衣机使用寿命。家用电热设备使用功率较大,一定不要长期超负荷运行,每逢工作完毕和睡觉前及时拔掉电源插头。

4. 家用电器在使用中的防火注意事项有哪些?

(1)保证电器设备有一定的绝缘强度并符合有关安全技术要求。

(2)核定家用电器的额定功率和额定电流(尤其是功率较大的电热器等),注意其配电线路的容量是否足够。若有疑问,则不能与别的家用电器接在同一支路上,而应从配电容量足够的电能表处引线安装。

(3)按电器设备的性能合理使用。应特别注意家用电器的工作制是否属于连续工作制,若不是连续工作制,则应当工作一定时间后让它充分休息。否则,它也可能因为过热而烧起来,尤其在夏天更应加倍注意。

（4）养成"人走电断"的习惯。一般家用电器在正常工作时不会过热，但由于接触不良或内部绝缘损坏而短路时，就可能造成过热而着火。因此，无论使用哪种家用电器，都应当在人离开时或停电时拉闸，切断其电源，以防故障而酿成火灾。

（5）在潮湿的地方应使用防火软线和插座。存在易燃气体的地方应使用专用电器设备，如防爆灯具等。

（6）隔离热源。所有电热器具在使用时均应远离易燃物。同时，凡有明显高温热源的家用电器在工作时，均应避开易燃、易爆物（包括气体和液体）。

（7）限制导线的载流量，不得长期超载。在电器设备运行时，必须注意不要超过设备的额定负荷，以免因家用电器超载而造成过热或损坏。

（8）核对额定电压。电热类或照明类家用电器对工作电压的大小十分敏感，必须注意其额定电压是否与电网电压相符，以免过载。

（9）注意使用频率。对于带电动机的家用电器，必须注意其使用频率。若将额定频率为 60 Hz 的家用电器在我国 50 Hz 电网上使用，则会达不到额定转速而影响使用。

（10）对于家用电器上的已老化或破皮的电源线应及时更换，更换的电源线应符合规格。

（11）家用电器应放在室内干燥的地方，不能用湿布去擦带电的家用电器。

（12）应保养好家用电器，及时清除其上的污物和灰尘。

（13）家用电器过热时应停止使用，严禁用水降温。

（14）家用电器旁严禁堆放各种易燃物。

（15）各种发热的家用电器用完后应及时关掉电源;严禁放置在木质家具和易燃物之上,防止引燃他物而引起火灾。

5. 普通电视机引起火灾的原因是什么?

（1）长时间在电压过高的条件下工作。电视机的使用电压一般要求最高不超过240 V,但是如果供电电压长期保持在240 V,原电视机内稳压电源中调整管的电压将增大,功耗增加,温度升高,虽有散热片散热,但在收看时间比较长或室内温度较高的情况下,热量不易完全散发出去,调整管就容易烧坏。此外,电源变压器因初级电压很高,次级输出电压也很高,整个功耗增加,温度上升,时间一长,变压器就会被烧坏冒烟起火。特别是夏季天气炎热,室内温度高,电视机工作时机内温度更高。当温度升高到足以引燃变压器的绝缘材料(其燃点已因长期受热而降低)时,变压器则起火燃烧。

（2）电视机长期在通风条件差的环境中工作。此时电视机内的热量不容易散发,尤其是高温季节,热量更会积聚,加快了电视机零件的老化,进而引发故障,甚至短路起火。此外,雨季湿度大,如果室内通风不好,散热条件差,电视机元件因湿度大而受潮,则会使电视机绝缘性能变差,甚至发生放电打火或击穿、短路的故障,损坏机件,引起火灾。

（3）使用电视机后没有及时切断电源。许多电视机的电源开关仅能切断变压器的次级电源,只要电源插头插在插座上,不管电视机电源开关是否处于断开状态,其变压器初级线圈都一直在通电。变压器是容易发热的元件,通电后线圈、铁芯都会放出一定热量。因此变压器空载时有微热,长时间满载工作时可达到烫手的程度。电视机长时间连续使用后,变压器的温度已相当高,收看后如未切断电源,变压器温度会继续升高或保持下来,致使绝缘材料电阻下降,甚至部分线圈的绝缘被击穿,形成短路,迅速发热引起燃烧。

(4)电视机使用保管不当。例如:用户不慎将液体滴入机内,或使电视机受潮,或把小金属掉进机内,造成电视机线路漏电或短路、发热、起火;机内灰尘积聚过多,在高压电极间会产生火花。

(5)雷电起火。在远离发射台的地方,一些用户为了提高接收效果往往装有室外天线,并且将天线架得很高,因大都不安装避雷设施,所以在雷雨季节收看电视节目时,将雷电流导入电视机内,引起电视机起火爆炸。

6.普通电视机的防火安全措施有哪些?

(1)电视机放置的位置要合适,既要防潮、防热,又要防灰尘进入,同时还要注意通风。收看电视节目时,电视机最好不要靠墙,也不要放在柜、橱中。倘若将电视机放在柜、橱中,电视机周围应有 8～10 cm 空隙,且柜、橱上应多开些孔洞(尤其在电视机散热孔的相应部位),以利通风散热,防止损坏机件,引起火灾。

(2)通电后不要拆开电视机后盖,更不能用螺丝刀等物插入电视机内,防止高压触电,引起着火。电视机附近不要堆放易燃、易爆物,以免电视机放电打火,引燃这些物品。

(3)电视机使用时间不宜过长。由于电视机发热是随着通电时间增长而加剧的,使用时间越长,机内温度就越高,所以一

般连续使用三四个小时后应关机一段时间,等机内热量散发后再继续使用,高温季节尤其不宜长时间使用。

(4)看完电视节目后,勿忘记切断电视机电源。不要仅关电视机上的开关,还要把插头从插座上拔下来。

(5)电源电压要正常。民用电一般采用单相额定电压220 V,按照电视机使用技术要求,电压波动不准超过额定电压的±5%,即不高于231 V,不低于209 V,否则要采取措施,使电压恢复到正常值。

(6)电视机应放在干燥处,不要放在靠近窗口的地方,以防下雨时淋入雨水。在多雨季节,空气特别潮湿,应注意电视机防潮。电视机若长期不用,要每隔一段时间使用几小时,用电视机自身发出的热量来驱散机内的潮气。

(7)架设室外天线不要靠近电源线,更不要把天线架在电源线杆上,防止相碰引起着火。

(8)雷雨天尽量不要用室外天线收看电视节目,因为采用室外天线的电视机容易遭受雷击。安装防雷保护措施的,雷雨天也要把开关拉下,并且要有良好的接地装置。

(9)电视机电源线的外皮绝缘应保护完好,如有损伤要加裹黑胶布,不可使导线裸露,以防发生短路。发现电视机电源线老化或外皮破裂应及时更换。

(10)电源线不应放置在靠近暖气片、火炉及易引起损坏的地方,防止烫坏、烧坏或碰坏导线外部绝缘而引起漏电起火。

(11)清扫电视机内的灰尘时,要先断掉电源,等电视机冷却后再清扫。

(12)更换电视机保险丝要断掉电源,所换的保险丝要符合原保险丝规格,更不能用铁丝代替。

7. 防止洗衣机引起火灾的措施有哪些？

（1）使用前应先阅读洗衣机的使用说明书，按要求正确地安装，电源线不宜过长，要用电线夹固定在墙上，不可随意拖拉，以防导线绝缘损坏造成短路或漏电。

（2）校核洗衣机所使用的电源电压是否与民用生活用电电压（220 V）相一致，耗电功率多少，家庭已用的供电能力能否满足，特别是插头、保险丝、电表和导线。如果负荷过大，超过允许限度便会损坏绝缘，引起火灾或其他事故。

（3）在使用前还要考虑接地和接零。其接地线、接零线截面积不应低于相线，接地线、接零线上不许装开关或保险丝，也禁止随意将其接到暖气、自来水、煤气或其他管道上，以防因其漏电等引起触电或打出火花引起火灾。

（4）合理选用洗衣机开关的保险丝，防止截面积过大或过小，禁止使用铜丝或铁丝代替保险丝。

（5）洗衣机使用的插头必须完好，禁止用裸线头代替插头插入插座，以防造成短路，打出火花或产生电弧。

（6）机内导线接头要牢固，接好后还要进行良好的绝缘处理，最好采用胶封，以确保安全。

（7）电源电压不能太低或太高，若电源电压波动超过 10%，即低于 198 V 或高于 242 V 时，应停止使用。

（8）使用中一次放入缸内衣服不能过多，防止电动机长期过载运行或被卡住而停转发热。发现电动机发热、转速明显下降，应停止运转，以防烧毁电动机引起火灾。

（9）经常检查洗衣机电源引线的绝缘层是否完好，若已磨

破或老化、有裂纹等均应及时更换。

（10）经常检查洗衣机波轮轴是否漏水，若漏水，水会顺皮带流入电动机内部，造成线圈短路。所以，发现漏水应停止使用，尽快修理。同时，注意防潮，洗衣机不要放在潮湿不通风的场所，以免电动机、电容等电器元件受潮而降低绝缘性能。

（11）洗衣机用完后，要拔掉插头，切断电源，防止发生意外事故。

8. 防止电冰箱引起火灾的措施有哪些？

（1）选用截面积合适的电源线，并按有关规定正确安装，以防在使用中造成导线绝缘损坏引起短路。

（2）连接电源线时，接触要紧密牢固，以防造成接触电阻过大。

（3）按照有关规定选择合适的保险丝，以免在使用中引起爆断，产生火花或电弧。

（4）电冰箱背面机械部分温度较高，电源线不要贴近该处，以防烧坏电源线，造成短路或漏电。

（5）电源插头要完整好用，损坏后要及时更换，防止在使用中造成短路或打出火花。

（6）电冰箱框架顶台不要放置煤气炉、电烤炉等电热器具，以防因器具过热烧坏塑料配件。

（7）保证电冰箱后部干燥通风，严禁用水喷洒，防止破坏电器元件绝缘。冷凝器应与墙壁等保持一定距离，切勿在电冰箱后面塞放可燃物；电冰箱的电源线不要与压缩机、冷凝器接触。

（8）电冰箱电器控制装置失灵时，应立即停机检查修理。

要防止温控开关进水受潮。

(9)电冰箱断电后,至少要过 5 min 才可重新启动。

9. 防止电风扇引起火灾的措施有哪些?

(1)购买或使用电风扇时,首先要校对铭牌上电源电压是否与居民生活用电电压一致,否则会烧毁电动机。

(2)要选择适当的电源线,安装时避免碰坏导线绝缘。每年使用前,还应检查电风扇的电源线路,看其是否有破损之处,以防发生短路。

(3)电风扇的各部分电器元件要接触牢靠,以防电风扇运转时造成接触电阻过大,引起高温。同时,要经常向油孔部位注射润滑油,避免转动部位的温度过高。

(4)电风扇安放应平稳,防止运转时产生摇动,以防使用中倾倒碰人或电源线绊人。安放电风扇的高度应以小孩摸不到为好,以防打伤手指。落地式电风扇一般以放置在室内角落为宜;同时,也要防止其他物件伸到防护罩内,损坏电风扇。移动电风扇时,应先切断电源,待扇叶停止转动后再搬动,不要在电风扇工作时随便移动。

(5)电风扇应保持干净,使用或存放时均不应放在潮湿或有腐蚀性气体的场所。同时,电风扇不要放在靠近窗口的地方,以免被雨水淋湿,形成漏电。此外,还要防止太阳暴晒,远离火源,以减缓外壳老化。电风扇不宜靠近窗帘等可燃物,以免引起火灾。

(6)在有易燃、易爆物的场所,严禁使用非防爆电风扇,以防打出火花引起燃烧、爆炸。

(7)电风扇不得浇水冲洗,因电动机受潮后易发生短路故障,不但会烧毁电动机,而且还可能发生触电事故。

(8)电风扇在运行中若突然传出烧焦气味,或冒出黑烟,必须立即拔下插头,停止运转,请有经验的人检修或送修理店检修。

(9)电源的插头应完好,发现损坏应立即维修或更换,以防打出火花引起火灾。

(10)电风扇转速若自己减慢,说明电风扇出了故障,应立即停机检查。在接通电源后,电动机若不转动,则应迅速切断电源,以免烧坏电动机。

(11)电源线不宜拉得过长,尤其落地式电风扇移动时要防止电线与地面摩擦,以免磨损电线绝缘发生漏电。

(12)电风扇一定要有保护接地线。安装接地线最好使用三芯插头、插座配接。导线与接地极连接必须牢固可靠,接地电阻应不大于 5 Ω。

(13)电风扇在运行中,当线圈内部短路起火时,不得用水和泡沫灭火器扑救,应首先切断电源,然后用干粉灭火器进行扑救,以防触电。

10. 防止电熨斗引起火灾的措施有哪些?

(1)新购买的电熨斗必须有出厂合格证,无合格证的禁止使用。

(2)使用前要对电熨斗进行检查,看电熨斗铭牌上标注的电压与实际使用电压是否相符;看插头是否完好;导线有无折断之处;绝缘是否损坏;使用时有没有手麻的感觉。如果发现问题,应及时妥善处理后再用。

(3)初次使用的电熨斗,应先了解一下原来室内电线的粗细,所用电能表和保险丝(最好单独装置)能否安全流过电熨斗的电流。因为电熨斗的功率大,有可能烧坏电能表、熔断保险丝或烧毁电线引起火灾。电能表容量允许使用的电熨斗规格如表3-1所示。

表3-1　不同规格电熨斗所用保险丝额定电流和电能表容量

电熨斗功率/W	选用保险丝额定电流/A	电能表容量/A
300	2	2.5
500	2.5	3
750	4	5
1000	5	10

(4)电熨斗外壳接地要牢固可靠,并配有三芯插头和插座,并保证插头与插座接触紧密。同时,要使电熨斗外壳接地线与大地连接,以防引起意外事故。

(5)电熨斗所用的导线截面积要选择适当,绝对禁止与其他家用电器使用一个插座,也禁止与其他电器同时使用。特别是不能与功率较大的电冰箱、洗衣机、电饭锅、电烤箱等同时使用,以防线路过载引起火灾。

(6)使用普通型电熨斗要根据衣物纤维种类和经验控制通电时间,以保证电熨斗的温度适宜,防止温度过高烫坏衣物而引起火灾。使用调温型电熨斗要将调温旋钮调于与衣物纤维名称相同的位置,以防止温度过高烫坏衣物而引起火灾。调温型电熨斗的恒温器失灵后要及时维修,否则温度无法控制,容易引起火灾。

不同的织物有不同的熨烫温度,而且差别较大,常见的几种织物的熨烫温度如表3-2所示。

表3-2　织物的熨烫控制温度

织物名称	温度/℃
棉	180 ~ 210
麻	200 ~ 230
丝绸	120 ~ 150
羊毛	150 ~ 180
涤纶	140 ~ 170
腈纶	140 ~ 160
维纶	110 ~ 140
锦纶	90 ~ 120
丙纶	90 ~ 110
氯纶	30 ~ 40

(7)通电使用电熨斗时操作人员不要轻易离开,尤其是使用普通型电熨斗时更要注意。在熨烫衣物的间歇,应将电熨斗竖立放在耐火砖、石棉板等不燃、不易导热材料制作的基座上或专用的电熨斗架上,千万不要将电熨斗随便乱放。放置电熨斗的基座、支架不应距易燃、可燃物太近。

(8)维修过的电熨斗,特别是新换的电热丝和换成功率较大的电热丝在原电路上使用时,应计算一下流过的电流是否过载,否则不能使用。

(9)电熨斗使用完毕应立即切断电源。刚断电的电熨斗不要随意乱放,要待它完全冷却后再装入盒中或柜中收存起来。若在电熨斗使用中途停电,应拔下电源插头,以防来电后自行加热而无人看管造成火灾。

11. 防止电烙铁引起火灾的措施有哪些？

（1）使用电烙铁时，应安设在专用的不燃材料（如陶瓷、耐火砖、铁石加石棉）制作的隔热支架或基座上，并远离可燃、易燃物。

（2）快热式电烙铁每次使用的连续通电时间不得超过2 min，以免烧坏变压器；其他类型的电烙铁也不要一次连续通电时间过长，当手柄处感觉烫手时应拔下插头稍冷一下，然后再继续使用，以免过热。

（3）电烙铁插头应完好无损，引线绝缘要良好。使用完后或停电均应及时切断电源。

（4）在火灾和爆炸危险性较大的场所内，禁止使用电烙铁，防止发生燃烧、爆炸事故。

12. 防止电烘箱引起火灾的措施有哪些？

（1）使用电烘箱时要有专人看管，根据烘烤物料和物件的性质，严格控制烘烤温度和烘烤时间。电烘箱应安装灵敏可靠的温度计或自动温度调节器。

（2）需要烘干的可燃物料和物件，应放在固定的非燃材料制作的支架上，不得直接与热元件接触。

（3）电烘箱用电量较大，防止导线超负荷，可采用单独线路供电，安装合适的开关和熔断器，导线与热元件的接触应紧固可靠。

（4）电烘箱严禁烘烤硝化棉、塑料等易燃物。电烘箱附近不可堆放可燃物。

（5）烘烤工作结束、停电及烘烤工作人员离开时，都必须切断电源。

13. 防止电热褥引起火灾的措施有哪些？

（1）严禁购买和使用质量低劣、没有合格证或自制的电热褥，防止因质量不佳，特别是接头处理不当，在使用中打出火花，引起火灾。

（2）使用前应仔细阅读说明书，特别要注意使用电压，千万不要把 36 V 或 24 V 的低压电热褥接到 220 V 的线路上。

（3）电热褥的电路中都串联了保险丝，保险丝的规格要和电热褥的功率相匹配，千万不要选择过大的，以防发热元件万一短路，电流突然增大，保险丝不能熔断而引起火灾。

（4）新购买的电热褥第一次使用或长期存放后再用时，应将电热褥通电实验，一般通电 10 min 左右即可，若有温升，说明电热褥可以使用；若无温升，就不能使用。

（5）电热褥在使用过程中，不要经常反复在固定位置折叠存放。直线型电热线电热褥不许在沙发床、钢丝床上使用，以防电热丝折断打出火花或产生电弧，引燃电热褥的可燃物质。

（6）使用直线型电热线电热褥时，要平铺在木板床上，上面覆盖毛毯或薄褥，绝对不能折叠，以免造成热量集中，温升过高。

（7）电热褥不要与人体直接接触或电热褥上面只铺一个床单，以防人的身体揉搓使电热褥堆集打褶，导致局部热量增高或损坏，使人触电或引起火灾。

（8）电热褥不要与其他电热源共同使用,特别是火炕,以防过热损坏电热线绝缘而发生短路。

（9）电热褥通电后,人不能远离。使用温度不能控制的普通型电热褥,当温度升到所需温度时,应切断电源。电热褥通电后,如发现不热或其他异常现象,应立即断开电源,进行检查。

（10）使用电热褥时,如临时停电,应断开电源,以防来电后,因通电时间过长而无人看管造成火灾。

（11）电热褥要注意防潮,以防腐蚀电热丝,破坏绝缘性能。

（12）电热褥用脏后用清水刷洗时,千万不能揉搓,以防折断电热丝。

（13）电热褥用完后,特别是在人离家前,要将电源切断,防止使用时间过长,温度升高,使电热褥燃烧起火。

总而言之,使用电热褥只要严格遵守使用注意事项,事故即可避免,但电热褥与其他家用电器使用条件不同,人的蹬踹、反复折叠收放及使用时间过长都可能会使其发生故障。因此,为预防火灾和触电事故,使用中一定要慎之又慎。

14. 防止电炉引起火灾的措施有哪些?

（1）电炉应放置在安全可靠的位置,电炉周围要与可燃建筑和物品保持一定的安全距离,不要随意移动。

（2）电炉下面应垫上砖或石棉板等耐热抗燃的垫板,严禁将电炉直接放在木板上。

（3）电炉应由专用的插座或单独线路供电,不应与其他电器用一个插座。电炉不要用拉线开关来控制电源。电炉的电源线应牢固可靠,不要松弛悬吊在电炉之上。引出线应加石棉、瓷

管等耐高温绝缘套管保护。

（4）使用电炉要有人看管，人离开时，尤其是停电时，都必须及时拔下电炉插头、切断电源，这至关重要。如果收存电炉，则必须待其冷却降温后方可存放。

（5）经常检查电炉，发现电阻丝、插头、导线连接处、导线绝缘及熔断器等损坏或不合格时，都要及时处理。

（6）电炉应在专门的房间内使用。在有可燃气体、易燃液体蒸气的房间内禁止使用电炉；非用不可则必须采用封闭式电炉，并有防爆措施。

（7）加热熔融石蜡、松香等可燃物或易燃液体，必须严格控制温度，绝对不允许电炉工作温度高于可燃物的燃点。

（8）严禁使用自制土电炉。

15. 防止电饭锅引起火灾的措施有哪些？

（1）电饭锅要放在厨房专用地点，搁置电饭锅的基座不应采用可燃材料，周围一定距离内不应有易燃、可燃物，更不能放液化石油气钢瓶。

（2）电饭锅应有固定电源插座，不能和其他家用电器混用电源。电饭锅的线路连接要牢靠。切勿把插头浸入液体或水中，以防触电、短路着火。

（3）电饭锅的电热盘和内锅外面不可沾有饭粒等杂物，以保证两者紧密接触。电饭锅使用时内锅要放正，放下内锅后要来回转动一下。

（4）避免碰撞内锅，内锅若变形严重，应立即更换。不要用普通铝锅代替内锅。

（5）清洗电饭锅时，只可用湿布擦拭，严禁将整锅浸入水中清洗，以免破坏其电气绝缘性。

16. 防止空调器引起火灾的措施有哪些？

（1）选购空调器要注意质量，尤其是电容器的质量。

（2）按规定要求安装，高度、方向、位置应有良好的散热条件，要与窗帘等可燃物保持一定的安全距离。

（3）空调器的电流插座和供电线路应为专用，导线的载流量要足够，电源电压要与空调器要求相符。制热时如风扇电动机停转，要及时切断电源检查。

（4）用于安装空调器的支架、隔板等应采用非燃材料制作。安装在空调器上的遮阳罩也应采用非燃材料。安装空调器时，应内高外低，略微倾斜，使水分排到室外，以避免空调器部件受潮损坏。

（5）用电热型空调器制热，关机时须牢记切断电热部分的电源；需冷却的，应坚持冷却 2 min。

（6）不要短时间内连续切断、接通空调器的电源。当停电或拔掉电源插头后，一定要将选择开关置于"停"的位置，待接通电源后，重新按启动步骤操作。

（7）空调器应保持清洁，空气过滤器应定期清洗，以免积灰太多，影响空气对流。风扇电动机要定期加注润滑油，若全年运行，每年应加 2~3 次。在空调器运行中，若发现空调器有异味或冒烟，应立即停机检查。

17. 防止电炒锅引起火灾的措施有哪些？

（1）使用电炒锅之前，应检查供电电源是否为 220 V，以免烧坏电炒锅。国外生产的 110 V 电炒锅，不能直接与 220 V 的电源相接。

（2）为了保证用电安全，电炒锅及供电插座必须接有可靠的接地线。

（3）应将电炒锅置于平整而稳妥的平面上使用；勿靠近易燃、易爆物，与四周墙壁应保持 30 cm 以上的距离。

（4）电炒锅功率较大，配置的电源是专用的，不能使用其他电源线，以免出现事故。若要更换电源线，必须保证电源线载流量完全符合原线的要求。

（5）使用电炒锅时应有人在场看管，不应让电炒锅长时间空烧或干烧，否则会影响电炒锅的使用寿命，甚至引起火灾。

（6）不宜在电热盘或电热管上烘烤食物或衣物，以免烧毁电热盘或电热管，甚至由此而引起火灾。

（7）不宜让儿童操作电炒锅。

（8）电炒锅在使用过程中突然停电时，应拔下电源插头，以防来电后无人看管，造成空烧、干烧而将电炒锅烧毁，甚至引起火灾。

（9）清洁电炒锅时必须拔下电源插头。锅盖、炒锅可以拿出浸到水中清洗，洗净后用干布抹干水分。底座切忌浸水清洁，宜拧干湿布抹擦。

（10）不要随意拨弄、拆卸电器零件，以免造成人为损坏；出现故障应及时送修理店修理。

18. 防止电炸锅引起火灾的措施有哪些?

(1)供电电压必须符合电炸锅铭牌上所规定的电压。

(2)使用电炸锅必须有良好的接地线,确保用电安全。

(3)使用时,先将电源线的连接器插入电炸锅的电源插座,然后再将电源线的电源插头插入 220 V 插座上。

(4)电炸锅内若装食用油,加热时温度较高,为了防止倾倒,要求将电炸锅放置在牢固平整的面板上使用。

(5)将食用油倒入内锅,盛装的油量不能超过额定最大量,也不能低于额定最小量。内锅无油时不能接电源。

(6)烹饪过程暂停时,可将加热器选择开关关掉,只让保温加热器工作,这样可防止油温过高而起火燃烧。

(7)若发现调温器失灵,必须及时维修好,以免通电过久,造成油温过高,超过食用油的燃点而着火。

(8)不宜让儿童操作电炸锅,以免导致灼伤和发生火灾。

(9)电炸锅外壳脏时,可用拧干的湿布擦拭,要防止水分流入开关、调温器、电热插座等。切忌将整锅浸入水中或用自来水冲洗,导致绝缘性能降低而引起漏电。

(10)不要随意拆开外壳、拨弄调温器或电热器,以免调温失准或损坏电热器。

19. 防止吸尘器引起火灾的措施有哪些?

(1)使用前要接好电源线和地线,各部件应装配良好,接触紧密,使用电压必须和铭牌上规定的电压相符。

（2）电源插座要有足够的容量，不宜与其他用电功率较大的家用电器同时使用。吸尘器功率较大，与其他用电功率较大的家用电器同时使用时容易导致线路过载发热而引起火灾。

（3）使用时间不宜过长，如手摸桶身外壳觉得较热，应停止一段时间再使用，以防电动机因过热而烧毁，引起火灾。

（4）不应在潮湿场所使用吸尘器，也不要用水洗涤吸尘器主体机件，以免电动机或电气线路受潮发生短路起火。

（5）使用环境温度不要过高，一般不要超过 40 ℃，并要求通风条件较好。

（6）发现电动机电刷损坏，应及时更换。如果发现漏电、电动机温度过高或有异常声响，应立即停用检修。

（7）正确选用保险丝，防止经常爆断。

（8）插头要完好无损，如有损坏应及时维修或更换。

（9）不要把火柴、烟头等冒烟的东西吸入吸尘器，也不要用吸尘器吸烟灰缸和废纸篓内的杂物，以免发生火灾。此外，不要把地面坚硬、锋利的东西，如针、铁钉、玻璃碎片等吸入吸尘器。

（10）地面上散发有可燃气体，如将香蕉水、汽油洒落在地面、煤气、液化石油气发生泄漏，或者房间内刚刚使用过易燃液体，此时切不可使用吸尘器，以免引起火灾、爆炸事故。

（11）吸尘器使用完毕应断开电源，取出滤尘袋，及时将尘污倒掉，以免积尘过多，影响电动机通风散热。吸尘器每次使用完毕，切记将电源线从插座上拔下。

20. 防止电吹风引起火灾的措施有哪些？

（1）电吹风在通电使用时，人不能离开，更不能随手放置在桌凳、沙发、床垫等可燃物上。

（2）使用完后切记要将电源线从电源插座上拔下来。

（3）遇到临时停电或电吹风出现故障时，切记要拔下插头。

21. 防止行灯、电钻等移动式电器设备引起火灾的措施有哪些？

（1）使用坚韧的橡胶护套电缆作为电源线，并将其挂高放好，防止碰伤。

（2）将移动电器设备的金属外壳可靠接地，必要时应装设漏电保护器。

（3）在易燃、易爆场所禁止使用普通行灯、电钻。

（4）建立定期的检查维护制度，一旦发现电源线损坏，应立即更换。

第四章　家用天然气和沼气防火

1. 天然气有哪些特性？

（1）天然气无色，比空气轻，浮在空气上面。油田产生的天然气每立方米的重量为同体积空气的 75% 左右，而气田产生的天然气每立方米的重量为同体积空气的 50% 左右。气田产生的天然气含甲烷量较高，可达 95% 以上，略带有臭鸡蛋味；油田产生的天然气含甲烷量一般在 80% 左右，略带有汽油味。

（2）天然气是一种易燃、易爆的气体，和空气混合后，温度达到 550 ℃ 左右就会燃烧。在空气中天然气的浓度只要达到 5% ~ 15% 时，遇明火就会爆炸。

（3）天然气本身无毒，如含有较多的硫化氢则对人体有毒害作用；如果燃烧不好，也会产生一氧化碳等有毒气体。

（4）天然气热值较高，燃烧后放出的热量是同体积煤气的两倍多。

2. 使用天然气的厨房应具备什么条件？

（1）使用天然气的厨房应保证空气流通。因为天然气燃烧时产生的烟气较多,假如厨房通风不好,就会造成空气中含氧量不足,容易引起一氧化碳中毒。所以要求厨房应有直通室外的门窗。安装一台双眼灶,对于容积小于 10 m³ 的厨房,换气次数每小时不少于 4 次;对于容积为 6 m³ 的厨房,换气次数每小时不少于 5 次。最好采用强制通风,厨房安装排气扇,以保证厨房内空气流通。

(2)厨房高度不得低于 2.2 m。

(3)厨房应采用耐火材料建成,气灶的周围应用耐火材料,不允许有易燃材料。

(4)厨房应和其他房间隔开。

(5)厨房内应安装燃气报警器。

为了保证用户安全,不允许将天然气灶具安装在矮小、狭窄和通风不良的厨房中。

3. 灶具上连接的胶管在使用中应注意哪些事项?

(1)要使用经燃气公司技术认定的合格耐油胶管。

(2)要用圆钉将胶管固定在墙上,以免晃动影响使用。

(3)要经常检查胶管的接头处有无松动、漏气。

(4)要经常检查胶管有无老化或裂纹等情况,如发现上述情况应及时更换,以免漏气。

(5)不能擅自在燃气管道上连接长的胶管,更不能连接取暖器移入室内。

4. 怎样正确使用天然气灶具?

为了保证天然气的正常燃烧和安全使用,无架灶具应安放

在耐火的灶台上,灶台高度在 600 ~ 700 mm 为宜。为保证灶具的燃烧热效率和防止火焰被风吹灭而引起事故,灶具要安装在避风的地方。灶与灶之间距离不小于 500 mm,灶具不应直接安装在气表之下,与气表的水平间距不应少于 300 mm,气表距地高度为 1.6 m。

灶具使用时应注意以下几点:

(1)使用天然气时一定要先点火然后再开气,即"火等气",这样安全;相反,若先开气后点火,天然气先流入空气中,与空气混合,达到爆炸极限,遇火就会引起爆炸。

(2)要学会调节风门,根据火焰燃烧情况调节进风量的大小,以防止出现脱火、回火和黄色火焰。

(3)用旋塞阀调节火焰大小时,一定要缓慢转动,切忌猛开猛关,以防损坏。

5. 怎样安全使用天然气?

(1)厨房内不能堆放易燃、易爆危险物品。

(2)使用天然气时,一定要有人照看,人离关火。一旦人离开,就有可能出现火被风吹灭或锅烧干、汤溢出的现象,致使火焰熄灭而天然气继续排出,容易造成人身中毒或引起火灾、爆炸事故。

(3)装有天然气管道及设备的房间不能睡人,以防漏气造成中毒或引起火灾、爆炸事故。

(4)教育小孩不要玩弄燃气灶的开关,防止发生危险。

6. 发现天然气泄漏怎么办？

（1）首先关闭厨房内的天然气进气阀门。

（2）立即打开门窗进行通风，将天然气排放出去。

（3）不能开、关电灯和排气扇，以及其他电器设备，以防电火花引起爆炸。

（4）严禁把各种火种带入室内。

（5）严禁一般人进入，进入气味大的房间不能穿带有钉子的鞋。

（6）立即通知燃气公司派人检查。

7. 天然气泄漏时为什么不能使用电器设备及本室电话？

如果发现室内的天然气发生泄漏，除应立即切断本室天然气、打开门窗对流扩散外，还应严禁使用电器设备及本室电话，以免有电火花产生引起燃爆。

发生天然气泄漏时，居民往往不是采取紧急措施，而是先打电话通知燃气公司，这样做不仅会导致电话机爆炸，而且还会引起室内火灾和人身伤亡事故。这是因为，当电话机受话器拿起或放下的一瞬间，电话机内线圈就会产生高压，电话机的叉簧处随即会出现火花，遇到泄漏的天然气就会引发燃爆，造成火灾。

8. 用户为什么不能使用高压天然气？

根据国家规定，我国居民必须使用低压天然气，压力不允许

高于 4903 Pa,并规定进入家用灶具前天然气额定压力为 1961 Pa,因为使用低压天然气有利于保证用户的安全。因此用户所使用的天然气管道、气表、灶具及阀门等,都是按规定的低压设计制造的。如果使用高压天然气,低压天然气的设备承受了这样高的压力,将会发生大量漏气,容易发生事故。

9. 家用天然气设备怎样维护才安全?

只有更好地维护天然气设备,才能达到安全使用的目的。

家用天然气设备均安装在用户的厨房内,包括输送天然气的管道、气表、灶具和控制天然气流通的阀门。气表和灶具之间用钢管连接成一体。灶具与天然气管道之间用耐压橡胶软管连接。各个设备之间的距离均按标准规定的间距进行安装,不可随意变动,更不允许用户私自改动和拆卸,这样才能保证安全使用。

不应在天然气管道上晾晒湿抹布或衣物,更不应在天然气管道上和气表之下悬挂物件,以防止管道受力,造成接口处漏气。同时也不要把天线或地线接在天然气管道上,这样可能产生电火花而引起爆炸。

天然气灶具应注意日常维护,发现问题及时消除。各种开关应轻开轻关,不可强行扭动,防止断裂。

10. 为什么不允许天然气用户自行安装天然气用具?

天然气是易燃、易爆气体,很危险。因此天然气管道安装和设备的制造均应严格按照国家颁布的有关标准和规定进行。用户不具备这些条件,所以不能自行安装。

　　天然气用户应该采用当地天然气管理部门所认可生产的专用天然气设备,而不允许随意购买和私自制造与安装,否则容易造成漏气、中毒、爆炸等事故,其后果可想而知。

11. 你会安全使用沼气吗?

　　沼气的主要成分是甲烷(占 60% ~70%)、二氧化碳和少量氢气、氮气、一氧化碳、硫化氢等。甲烷是无色、无味、易燃、易爆的气体,比空气轻,与空气混合能形成爆炸性气体,其爆炸极限为 4.9% ~16% (体积分数),因此使用沼气应注意安全。

　　(1)输送沼气导管上的阀门要灵活、严密,不能漏气。

　　(2)应经常检查输气管,确保其不漏气。

　　(3)输气管上应装上压力表。压力过高时应排出气体,压力不足时应停止使用,重新进料充气,以防止回火。

　　(4)使用沼气时必须与可燃物保持一定的安全距离,以保证安全。

　　(5)发现漏气后,应立即打开门窗,熄灭室内各种火源,以防止沼气爆炸。

12. 沼气灯、炉具的使用安全注意事项有哪些?

沼气灯、炉具的使用安全注意事项是:

　　(1)沼气灯、炉具不能靠近易燃物。

　　(2)在使用沼气灯、炉具时,应遵守"火等气"的点火原则。

（3）每次用完气后，要把开关拧紧，不使沼气在室内泄漏扩散。

（4）要经常检查输气管和开关有无漏气现象，如果发现输气管被老鼠咬破或者因老化而破裂，要及时更换新的输气管。

（5）使用沼气的房屋要保持空气流通，如进入室内闻到较浓的臭鸡蛋味（沼气中硫化氢的气味），应立即打开门窗，排出沼气。此时，在室内绝对不能吸烟点火，以免发生火灾。

13. 如何防止沼气池爆炸？

（1）检查新建沼气池时，应用输气管将沼气引导至炉具上试验，严禁在输气管上直接点火试验。

（2）注意观察压力表，池内如果出现负压，就要暂时停止点火用气，等到出现正压后再使用。

（3）在沼气池内禁止使用煤油灯、蜡烛等明火照明。

第五章 家用人工煤气防火

1. 人工煤气的特点主要有哪些？

人工煤气是深受人们欢迎的气体燃料。目前，人工煤气已经广泛地进入人们的生活领域，是烹饪、烧水、取暖等的民用燃料。煤气与固体燃料相比，有许多特点：

（1）点火容易，燃烧迅速，火焰稳定，使用方便。

（2）燃烧完全，热效率高，无渣、无灰。

（3）易于调节和自动控制。

（4）煤气用于工业加热，能适应多种工艺需要，既可对物体进行局部加热，也可对物体进行大面积加热，这是固体燃料无法办到的。

上述四点是人工煤气利国利民的重要特点。但是，人工煤气又具有有害的特点：

（1）煤气是易燃、易爆气体，同空气混合后，其浓度达到爆炸极限时，遇到明火就会引起爆炸。其爆炸极限：焦炉煤气为 5%～31%（体积分数，下同）；发生炉煤气为 20.7%～73.7%；水煤气为 6.2%～72%。

（2）煤气具有毒性。人工煤气中的有毒气体主要是指一氧

化碳。由于一氧化碳与人体血红蛋白的结合能力比氧气高210倍,它会使血液中的血色素凝结,使血液丧失供氧能力。所以,人吸入后会引起煤气中毒,造成窒息,甚至导致死亡。

2. 使用人工煤气前应注意哪些事项?

(1)查看房间、厨房有无煤气味。

(2)查看煤气管道、阀门及煤气表有无损坏、漏气情况。

(3)教育小孩不要随意扭动煤气开关,防止发生危险。

(4)使用煤气时,要有人照看。

3. 使用煤气表的安全注意事项有哪些?

(1)要严格遵守国家有关部门对煤气表的使用管理规章制度。

(2)根据国家有关部门规定,煤气表的使用周期最长不超过3年。煤气表使用期满时,用户须报煤气公司进行检修,以保障人身和财产安全及正常用气。

(3)用户不得擅自改装煤气管道、移动煤气表的位置,更不准私自拆卸、改装煤气表。

(4)用户要保证煤气表的外部清洁卫生。煤气表不能与带腐蚀性的物质接触。煤气表表面的油污、灰尘要随时用湿布轻轻擦拭干净,严禁用酸、碱或腐蚀性液体擦洗,或用自来水冲刷。

(5)严禁在煤气表上悬挂或摆放任何物件,且应避免重物碰撞。

(6)用户如果发现煤气表有漏气或其他不正常现象,应立即报告煤气公司,千万不可擅自处理,以免发生危险。用户遇有煤气表走慢、指针不动等故障,也应报告煤气公司及时修理,而不应因小失大,占小便宜而吃了大亏。

4. 室内煤气系统常见的故障有哪些?

(1)漏气。在室内可闻到煤气的臭味,用肥皂水检漏时可发现气泡出现。这是管道被腐蚀,阀芯缺油或附有杂质,煤气表铅管接头松弛,胶管老化龟裂或两头失去弹性等原因造成的。

(2)供气不足,灶具火焰弱。除因外管供气不足外,主要由于管道内未被清除干净的杂物和内壁腐蚀剥落物或冷凝水积存在三通、弯头处。另外,高峰用气也会造成供气不足。

(3)突然停气。除了上面所述原因外,还有阀芯加油时被润滑油堵塞芯孔、煤气表有故障、灶具喷嘴阻塞等均是原因。

发生以上故障时,对于换软管、清除灶具火孔的工作,用户可自行动手解决。其余的故障应通知煤气公司来处理,用户不可随意自行处理,以免发生危险。

5. 人工煤气用户使用煤气时应特别注意哪些事项?

(1)煤气同空气混合,在爆炸极限内遇明火极易爆炸。因此,居民用户要有具备使用煤气条件的厨房。煤气灶不得同取暖炉火并用。

(2)煤气中的一氧化碳和氰化物具有毒性,一旦发生煤气泄漏,睡在厨房里的人很容易中毒身亡,因此在装有煤气设备的

厨房里切忌住人。

（3）使用煤气的厨房里，严禁堆放易燃、易爆物，谨防火灾和爆炸事故的发生。

（4）要经常检查软管是否损坏、老化。温度的影响、重物的挤压、坚硬物的穿刺，都可能使软管产生裂缝和气孔而漏气。一经发现漏气，即应更换软管，切勿凑合使用。

（5）用户在点煤气灶时，一定要按程序操作，切勿马虎或慌乱。带有自动点火装置的灶具点火时，有时不能一次点火成功，可能要经过 2 ~ 3 次才能点燃。用户要注意，一次打不着时应立即关闭煤气灶开关，不可停留时间过长，以免煤气外漏。点燃煤气灶后，要有人在旁看守，随时注意防止汤水沸溢时将火焰浇灭。在使用小火时，注意防止火被风吹灭。否则，煤气在火已熄灭的情况下仍从燃烧器火孔不断溢出，时间一长，会酿成事故。

（6）用完煤气后，尤其是晚间用完煤气，要切记关闭煤气灶开关。睡觉之前，要检查煤气灶开关旋钮是否关好，并将接灶管末端气嘴关闭，丝毫疏忽不得。

（7）用户要经常教育小孩，不要随意乱动煤气灶具开关，更不要在装有煤气设施的屋里玩火。

（8）用户必须遵守煤气管理的有关法规。

6. 居民对厨房的煤气设施应注意什么？

用户要严格遵守"四不准"。即对于室内的煤气管道、煤气表、阀门等设施，任何用户均不准擅自拆、修、迁、改；用户不准将煤气设施砌入墙内、炕内，或将火炉放置在煤气设施附近；灶具上的软管长度一般为 1 m 左右，不准任意加长或穿墙使用；室内煤气管上不准吊挂物品或拉绳晾衣服。只有时刻注意爱护煤气设施,才能避免发生不应发生的事故。

7. 用户发现煤气设施有故障应怎么办?

用户发现煤气设施有故障时,必须立即关闭所有阀门,停止用气,同时打开门窗,严禁明火,严禁开、关电灯,不要穿有钉子的鞋在漏气现场的水泥地面上走动,不要穿化纤衣服在漏气现场活动,以免铁钉碰撞水泥地面或化纤衣服相互摩擦产生火花引起着火或爆炸。这时,必须立即通知煤气公司前来检修,检修前应保护好现场。

当煤气少量外漏时,则应打开窗户,使之迅速从室内飘出。

8. 使用煤气时无人照管会发生什么危险?

在使用煤气时,最好不要长时间离去,以便随时注意燃烧情况,调节火焰。有时使用小火极易被风吹灭,这时灶前若无人,就会发生煤气大量外漏,造成爆炸、火灾或中毒事故。因此,煤气燃烧时不应离人,以防止上述情况发生。

9. 使用煤气当中突然停气怎么办?

一般情况下,气源厂及输配系统是不会出现问题的。但有时因停电、雷击及其他不可抗力的破坏,可能会造成气源厂的正常生产或输配系统的突发性故障而中断正常送气。这时,正在使用煤气的用户应立即将煤气灶关闭,并将气嘴关掉,如果不将

煤气灶关闭,一旦再来气,就可能造成重大事故。

10. 怎样查找室内煤气泄漏点?

人工煤气在使用过程中,由于种种原因很容易发生煤气泄漏,一旦煤气泄漏,又未被及时察觉,便会酿成事故。当厨房里闻到一股臭鸡蛋味时,就应意识到可能是煤气设施系统漏气。此时,用户要特别注意,如果判定确实是煤气泄漏,千万不可点火,电门不可拉开、关闭,禁止一切可能引出火花的行动,迅速打开门窗及时通风,将煤气尽可能地排出室外,冲淡室内煤气的浓度,然后查找煤气泄漏点。

正确查找煤气泄漏点的方法:用肥皂水涂抹在可能出现漏气的地方,若连续起泡就可断定此处是煤气泄漏点。肥皂水可用普通肥皂、香皂泡制,也可用洗衣粉适当加水配制。查找时可用软毛刷或毛笔、画笔蘸肥皂水涂抹。绝对禁止用明火查找漏气点。

煤气泄漏是很危险的,用户发现漏气应及时采取堵漏应急措施。如遇到室内煤气管道漏气,可用湿布把漏气处的煤气管道包好扎紧;如果漏气点在阀门后,先要将煤气阀门关闭,同时立即通知煤气公司。煤气泄漏很容易在室内形成煤气和空气混合的爆炸性气体,遇明火就会引起煤气爆炸,后果不堪设想。此外还有引起煤气着火的可能性,若人身躲闪不及会被烧伤。

11. 发生煤气爆炸的原因是什么?

(1)有的用户在发现漏气时自行拆卸修理,结果发生烧伤、炸伤和爆炸气浪毁坏门窗玻璃事故。

（2）有的用户在煤气泄漏时未能及时发现处理，遇火而发生爆炸。

（3）有的用户是在气源断绝时，管道内只残存少量气体，勉强反复点火，因空气进入管道中而引起爆炸。这种情况爆炸，往往将煤气表炸毁。当厨房内泄漏的煤气在空气中体积大于5%并小于31%，即达到爆炸极限时，遇火便可能发生爆炸。

12. 如何防止煤气爆炸？

防止爆炸的首要措施是防止漏气。常见的漏气部位：煤气表外壳、气嘴旋塞、软管等。常见的漏气情况：煤气灶的部分火孔没有燃烧；煤气灶燃后被汤水熄灭；煤气灶燃后气源断绝后又重新来气。

一般情况下煤气泄漏是容易察觉的，一嗅气味便知。一旦出现了煤气泄漏，要注意防止火源出现，如划火吸烟、开、关电灯或其他用电设备、鞋钉摩擦水泥地面等。

第六章　家用液化石油气防火

1. 液化石油气有哪些特性？

液化石油气的一般特性有以下几点：

（1）易挥发。在常温下释压后，立即挥发为气体，体积膨胀 250～300 倍并急剧扩散蔓延，也就是说 1 L 液化石油气能挥发变成 250 L 以上的气体。

（2）易燃、易爆。液化石油气的闪点低（-104～40 ℃），危险性大，与空气接触后可被小火星点燃，就是撞击产生的火花和静电火花都能够引起爆炸、燃烧。液化石油气的爆炸极限为 2.1%～2.9%（体积分数），爆炸速度为 2000～3000 m/s。

（3）相对密度大。液化石油气比空气重（相对密度是空气的 1.5～2 倍），在使用过程中一旦漏气，液化石油气就不像较轻的可燃气体那样容易扩散，而是容易停滞和积聚在墙角低洼处，一时不易被风吹散，与空气混合形成爆炸性物质，遇火源便可爆炸。

（4）中毒性。液化石油气无色透明，具有烃类的特殊气味，对人体危害与煤气不同。它在空气中的浓度低于 1% 时，对人体健康没有危害。但是，长时间接触浓度较高（10% 以上）的液化石油气会使人昏迷、呕吐,严重时可使人窒息甚至死亡。

(5)蒸发潜热高。液化石油气由液态变成气态,需要吸收很多的热量。一旦液化石油气钢瓶或管道阀门发生泄漏,液化石油气喷出,若该液体喷溅到人身上急剧吸热,会造成冻伤。

(6)腐蚀性低。液化石油气含硫量低,一般没有腐蚀性,但能使橡胶软化,使油漆和脂膏溶解。

(7)气温越低,残液越多。因为戊烷等5个或5个以上碳原子的碳氢化合物沸点较高,在常温下不易汽化,呈液态留存于瓶中。我们把这种液体称为残液。气温越低,残液越多。除戊烷、戊烯的沸点较高外,丁烷的沸点也相对较高,如正丁烷沸点为 -0.5 ℃,当周围的气温低于 -0.5 ℃时,正丁烷容易完全汽化,瓶内残液量会相应增多。

2. 液化石油气会爆炸吗?

由于液化石油气发生爆炸而引起火灾,国内常有发生。液化石油气所含的组分具有易燃、易爆性,只要液化石油气达到爆炸极限,遇到明火就会爆炸,因此要特别小心。

液化石油气主要成分的爆炸极限如表6-1所示。

表6-1　液化石油气主要成分的爆炸极限

名称	爆炸上限/%	爆炸下限/%
丙烷	7.3	2.2
丙烯	9.7	2.2
正丁烷	8.5	1.9
异丁烷	8.44	1.8

注:表中的爆炸极限为体积分数。

3. 民用液化石油气设备由哪些部分组成？

民用液化石油气设备主要由钢瓶、钢瓶角阀、减压阀(调压器)、耐油胶管及燃具组成。它们大体可分为三个部分：

第一部分是储气设备，即钢瓶。它是每个用户的小气源，瓶口处装有作为开关的角阀。

第二部分是减压、输气设备，包括减压阀和胶管。它们的作用是将气态液化石油气降低压力后向用气设备输送。

第三部分是用气设备，即燃具(灶具、热水器和采暖器等)。

这些设备都是根据国家标准，按照液化石油气的性质和使用要求而设计、生产的，属于液化石油气专用设备。

4. 液化石油气为什么必须使用国家指定厂家生产的钢瓶？

液化石油气钢瓶属于压力容器，为了安全，其产品必须是国家相关部门指定厂家生产的合格产品，严禁使用非指定厂家生产的钢瓶。钢瓶必须按国家规定的时间进行定期检验，过期不检者严禁使用。

5. 怎样才能保护好、使用好液化石油气钢瓶？

液化石油气钢瓶经常放在厨房里，环境一般都较潮湿，使用过程中钢瓶的底部(底座内部)最容易生锈，腐蚀瓶壁。瓶底严重生锈会引起壁厚薄弱，日积月累瓶体会逐渐被损坏。除了大气锈蚀和液化石油气本身的腐蚀使瓶体损坏外，人们不注意轻拿轻放、碰撞、磕砸钢瓶，也易使其变形、底座开焊、护罩松动和漆皮脱落，从而减少钢瓶的使用寿命。有的用户在气快用完时，私自用火烘烤钢瓶，希望能延长用气时间，这样做不仅会把瓶体的护漆烤坏，使钢瓶变形，而且十分危险。

用户使用液化石油气钢瓶时，必须做到以下几点：

（1）不要把钢瓶放在经常积水和潮湿的地方。

（2）使用过程中不得将钢瓶倒放、横放或在烈日下暴晒，更不允许用火烘烤钢瓶。

（3）要保持瓶体清洁，爱护和使用好钢瓶。

（4）要定期检查钢瓶，一般在钢瓶使用20年以后，每隔1年检查1次，目的是查出肉眼发现不了的内部缺陷或材质变化等。

无论是供应单位还是用户，都应注意爱护钢瓶，以延长钢瓶的使用期。

6. 使用钢瓶角阀时应注意哪些事项？

（1）应经常检查角阀上面的压母是否松动；标志线（红色、白色或黑色标线）是否偏离正常位置，若发现有少量移位时，应及时拧紧，让标志线复位。

（2）除在使用时打开外，都要切实关闭角阀。

（3）每次使用完液化石油气后应立即将角阀关闭好，防止漏气。

（4）关闭时不要用力过猛。若角阀关紧后，继续用力往下拧，使角阀压母的外螺纹松动，会发生手轮、阀杆、压母一起向上蹿起的现象。此时液化石油气会迅速喷出，遇到火种就会发生火灾。

（5）不允许在角阀转动部位加润滑油。

（6）严禁用户私自拆卸角阀。

（7）进行检漏时应用肥皂水涂抹查找，切忌用明火检漏。

7. 钢瓶角阀阀杆出口漏气有什么危险性？ 处理措施有哪些？

角阀阀杆出口漏气遇明火会燃烧，若其浓度达到爆炸极限将产生爆炸。角阀阀杆出口漏气常见原因及处理措施如下：

（1）角阀杆处漏气。这种漏气称为"直漏"，它一般在角阀开启时发生。产生原因主要是角阀内的"O"形橡胶密封圈老化、变硬或损坏。出现这种情况时，应立即送相关部门更换橡胶密封圈，切勿自己修理。

（2）角阀出口处漏气。主要是指关闭时仍然在出口处漏气，称为"嘴漏"。产生原因是角阀阀芯垫磨损、老化，与阀座配合不严密。可用肥皂水涂抹检查，如果角阀出口漏气较轻，每秒钟或几秒钟才冒一个气泡，则可拧紧减压阀继续使用；如果角阀出口漏气较严重，则应立即送相关部门更换阀芯垫，切不可自己拆换。

8. 钢瓶角阀压母松脱的危险性及处理措施有哪些？

液化石油气钢瓶上的角阀压母松脱而引起的火灾虽然少见，但是一旦发生事故却是严重的，因为会有大量液化石油气扩散出来，容易扩大火灾范围。

角阀压母松脱的原因主要有两种：一是角阀结构存在缺陷；

二是用户操作不当。有的用户为防止漏气,在关闭角阀时用力过大,造成压母松脱。防止角阀压母松脱,一般可做如下检查:

(1)更换钢瓶时,先稍用力关一下角阀(但注意用力不可过大),以此来检查角阀压母是否松动。如果发现压母跟着一起转,也不觉得吃力而角阀仍可以关动,说明压母已松脱,不可使用。

(2)上减压阀前,应先检查一下角阀压母和阀体上的标志线是否垂直相对,若错位,表明已发生位移,应由相关部门检修,重新调整。

(3)顺时针方向拧一下压母,拧不动说明压母已上紧。

(4)使用过程中,如发现打开时只开了一两圈,而关闭时关三四圈还关不紧,表明角阀压母松动,不可再用力关,应立即送相关部门处理,用户不可自行拧动,以免发生重大事故。

9.钢瓶角阀阀体断裂的危险性及注意事项有哪些?

角阀阀体断裂会造成压母脱出,大量跑气,会引起爆炸、燃烧。阀体断裂的现象不大常见,其产生的原因主要有两个:

(1)材质不良或加工不细。角阀一般为铜铸件,有易脆裂的弱点。例如,上阀口加工时是先钻孔后用丝锥加工螺纹的,在加工螺纹时若不小心就会把阀口胀裂,但在退出丝锥后,裂缝又会自动闭合,这样,加工时便不容易发现,从而造成潜在的风险。如果用户使用这种带裂痕的角阀,时间一长或用力过猛,就会出现断裂。

(2)使用不当,人为损坏。例如,搬运钢瓶过程中,有的人用木棍从护罩的两个手孔中横穿着抬,这就容易让角阀手轮挂

在木棍上,由手轮和阀杆承受整个重量,造成阀体断裂。因此,严禁用木棍穿过手孔来抬钢瓶,一般可用绳子绑在手孔上搬运。

10. 使用钢瓶减压阀时应注意哪些事项?

减压阀是家用液化石油气设备的重要部件。它被螺母连接在钢瓶上部角阀出口处。装入钢瓶中的液化石油气汽化后是一种高压气体,必须通过减压阀减压后才能安全供给民用灶燃烧。

在使用减压阀过程中,为保证安全用气,应特别注意以下几点:

(1)减压阀与角阀是以反扣连接的。上减压阀时先要对正,然后按反扣方向(逆时针)旋转手轮。当连接杆头部的密封圈与角阀出口密封坡口贴合紧密时,密封圈就起到密封作用,减压阀就固定在角阀上,此时用手摆弄,若它不能再左右摆动,则表明减压阀已上紧了。最好是上好减压阀后,在接口处刷肥皂水试漏。如果没有连接好就点火,高压气跑出来就会失火,操作人员很可能被烧伤。

(2)装减压阀时不可用力过猛,这样很容易将密封圈拧坏,造成漏气。

(3)更换钢瓶卸下减压阀时,要特别注意密封圈是否粘在角阀内。如果不慎将密封圈随钢瓶带走,换回新钢瓶后,还是照常装减压阀,势必造成漏气。一旦出现这种情况,要及时关闭角阀,再购置或更换密封圈,不能随意用其他垫料代替密封圈。

(4)使用减压阀时,严禁乱拧乱动,自行拆卸。发现损坏,要及时修理或更换。否则减压阀的严密性和降压性都会遭到破坏,这不但影响正常供气,而且还会造成以高压直接送气或漏气发生火灾。

（5）在减压阀与钢瓶连接使用过程中,钢瓶不能倒置或侧放,防止残油和脏物进入减压阀;要远离火源,防止暴晒,避免受潮。

（6）减压阀要保持清洁,呼吸孔不要堵塞。

11. 钢瓶减压阀在使用过程中通常会出现哪些毛病?

（1）阀口关闭不严。这是由阀垫或阀口受到损伤及阀口部位有杂物造成的。

（2）流量减小。主要因使用过久而引起橡胶阀垫膨胀。

（3）进口压力不足。这是由滤网堵塞造成的。

（4）出口压力不稳定。这是由呼吸孔堵塞等造成的。

（5）出口压力急剧下降。这是由出口侧受阻力,压力损失大所造成。

（6）膜片损坏会造成减压阀漏气、失灵。

遇到上述问题,应把减压阀卸下来送相关部门检修,严禁自行拆开、修理,以免发生事故。

12. 如何检查钢瓶减压阀的好坏?

减压阀的好坏,直接关系到液化石油气的使用安全。对新换的减压阀检查好坏的方法是:卸下减压阀后,从进气口用嘴吹,如果通气,表明减压阀未堵塞。再从出气口用嘴吹,慢慢吹有些通气,但用劲吹却不通,表明减压阀正常好用;如果用劲吹也通气,表明里边的橡皮膜片已损坏,必须更换新膜,切不可勉强使用,应立即送相关部门维修,否则会引起回火,造成事故。

13. 钢瓶减压阀使用时没拧紧有什么危险？

钢瓶内的液化石油气是经过减压阀输送到灶具燃烧器的，减压阀没能拧紧，会漏出液化石油气，从而导致火灾的发生。

为什么拧不紧减压阀呢？因为减压阀连接杆顶端的密封圈与液化石油气钢瓶上的角阀出口的接口处没有装上橡胶衬垫。当打开角阀时，液化石油气不是经过减压阀排出，而是从不密封的接口处漏出。结果，液化石油气未经减压，漏出的气体压力高、气量大。当用户点火时，气灶未被点燃，而漏出的液化石油气先燃。这样，就容易酿成火灾。

14. 钢瓶减压阀拧不进角阀里的原因及其处理方法有哪些？

（1）角阀接口被碰坏。

（2）减压阀手轮滑丝。

（3）减压阀入口与角阀接口没有对正。

减压阀拧不进角阀里的处理方法如下：

角阀接口被碰坏和减压阀手轮滑丝时，要立即更换液化石油气钢瓶，修理或更换减压阀手轮；如果两接口没对正，只要将减压阀入口对准角阀接口，慢慢地向左（逆时针方向）旋转，就能拧上。

15. 如何检查液化石油气钢瓶各连接部位是否漏气？

液化石油气钢瓶(指新充装后的钢瓶)在使用前,应认真检查瓶体、角阀、减压阀等各部位连接处是否漏气。可用携带式可燃气检测仪或采用刷肥皂水的方法检查。如发现有漏气显示报警或冒泡的部位应及时紧固、维修。严禁用明火检漏,以避免发生火灾。

16. 液化石油气钢瓶为什么不能倒罐充装？

出于各种原因,用户有时私自将液化石油气从一钢瓶往另一钢瓶倒罐,这是非常危险的,必须严格禁止。液化石油气钢瓶的倒罐充装必须具备一定的压力和连接部件。灌装时还要遵循一套严格的操作规程和安全防火规范,并配有不许有任何明火或产生静电火花的设施。对于用户来说,不可能具备以上条件,又不懂这方面的常识,盲目进行倒罐,很容易造成爆炸、着火事故。

17. 盛装液化石油气的钢瓶为什么要轻拿轻放，禁止摔碰呢？

液化石油气钢瓶的设计壁厚只有 2.7 ~ 3.0 mm。它属于薄壁压力容器,所以在使用时要轻拿轻放,禁止摔碰,以免在钢瓶使用中产生不必要的缺陷而造成事故。

18. 为什么严禁将液化石油气钢瓶暴晒或靠近火源？

这是由液化石油气的物理性质决定的。液化石油气本是气体,采用增加压力的方法才变成液体。所以,钢瓶内的饱和蒸气压比一般液体的大得多,而且随着温度的升高,瓶内液体迅速汽化,压力更加急剧增加。液化石油气钢瓶是按 60 ℃的耐压要求设计的,如果将钢瓶暴晒或靠近火源,超过钢瓶的耐压强度,就有发生爆炸的危险。

在使用和管理液化石油气钢瓶时,必须十分注意严禁暴晒和靠近火源、热源,也不要在液化石油气快用完时用开水烫或其他方法加热,以免发生意外事故。

19. 为什么液化石油气钢瓶不能倒立、卧放使用？

钢瓶的使用是靠自然蒸发,它的下部是液相,上部是气相。气体从角阀出口流出,经过减压阀把压力降低到使用压力,供燃烧使用。如果钢瓶倒立或卧放使用,就容易使液体从角阀流出,减压阀就失去了减压的作用,造成高压送气。

外漏的液体石油气汽化后体积迅速扩大至 200 倍以上,遇明火很容易造成爆炸、着火事故。

20. 钢瓶内的液化石油气残液应如何处理？

当液化石油气钢瓶里还剩有少许残液时,有的用户为了节约,把瓶内残液倒出,用来擦自行车、洗刷油污等,结果得不偿失,造成重大事故。

液化石油气钢瓶内的残液并非全都是水,还有一定量的戊烷等烃类液体,这种液体在有压力的条件下不会汽化,但是,从钢瓶内倒出来就变成了常压,在常压条件下容易汽化向外扩散,遇到明火极易着火。

21. 怎样安全使用液化石油气？

(1)液化石油气钢瓶应放在通风良好的厨房内,钢瓶与灶具需要距离 0.8～1 m,灶具与墙间距离 0.1～0.2 m,严禁与煤炉或柴炉同室使用,也不得在卧室、地下室或楼梯通道设置液化石油气设备。

(2)连接灶具与减压阀的胶管应使用耐压、耐油胶管,长度以 1～2 m 为宜。

(3)钢瓶不得倒放、卧放或摇晃使用,以免液体冲脱减压阀发生危险。每次更换钢瓶时,应先关角阀,后卸减压阀。换瓶后应检查减压阀接口密封圈有无脱落、损坏或老化,并用肥皂水涂在接头处检查是否漏气。不得擅自倒出瓶内液化石油气或残液。如发现故障,应及时送交相关部门处理。

(4)如非电子点火灶具,须先划燃火柴,置于喷气口,再开开关,即"火等气"。

(5)点火后人最好不要离开,防止火苗被汤、水沸溢浇灭或被风吹熄,造成漏气。若熄火应立即关闭灶具开关及角阀,打开窗户和门,让液化石油气散出户外再点火。停止使用或外出时,应将全部开关关掉。

22.使用液化石油气必须做到哪"五不准、五严禁"？

（1）不准使用不符合标准的液化石油气钢瓶,严禁私自拆修角阀和减压阀。

（2）不准倒灌液化石油气,严禁将钢瓶卧放使用。

（3）不准在漏气时使用任何明火或电器,严禁倾倒残液。

（4）不准将钢瓶靠近火源、热源,严禁用火、蒸汽、热水对钢瓶加温。

（5）不准在使用时离人,小孩、病人及残疾人不宜使用,严禁将钢瓶放在卧室内使用。

23.冬季使用液化石油气应注意什么？

（1）不能用火烤、开水烫、蒸汽吹液化石油气钢瓶。液化石油气钢瓶设计温度为 60 ℃,设计压力为 1.6 MPa。由于液化石油气受热后体积膨胀,用火烤、开水烫、蒸汽吹液化石油气钢瓶,会使钢瓶内温度升高,钢瓶内液体膨胀造成压力急剧上升。当压力超过钢瓶所能承受的压力时,钢瓶就会发生爆炸。

（2）不要将液化石油气钢瓶放在暖气片旁烤。液化石油气钢瓶在冬季灌装时的温度一般不高于 5 ℃。用户将钢瓶置于厨房内,室温一般在 20 ℃左右,温差为 15 ℃。假若钢瓶装得过量,再置于暖气片旁烤,温度升高,就容易发生危险。

（3）不要将液化石油气钢瓶放在有炉火的房间内。因为钢瓶一旦漏气,就容易酿成火灾。

（4）不要将液化石油气钢瓶放置在寒冷的低温场所。因为钢瓶在低温时脆性增强,抗压强度下降,容易破裂。特别是有薄层、锈蚀等缺陷的钢瓶,受到摩擦撞击,就可能发生爆炸。

（5）冬季孩子们在室内活动的机会增多,一定要教育小孩不要摆弄液化石油气灶具,以防止发生意外。

24. 如何做好液化石油气设备的日常维护？ 🔫

（1）钢瓶要保持干燥。如果不慎在钢瓶上洒了水,应当用干布及时擦干。钢瓶的油污要用毛刷或软布蘸碱水擦拭,千万不要用利器刮油污。

（2）经常搬动钢瓶,有时会使固定护罩的螺栓松动。遇此情况,应该将它拧紧,谨防脱落、丢失。

（3）减压阀上的油垢可用软布擦拭。擦拭时要特别注意不要把呼吸孔堵塞。

（4）用户自己在进行灶具维修时,一定要先把钢瓶角阀关闭。

（5）钢瓶、角阀、减压阀发生故障后,必须送交相关部门处理,用户不得自行修理。

25. 液化石油气泄漏的原因及处理方法有哪些？ 🔫

（1）液化石油气钢瓶的角阀与钢瓶结合处漏气,通常叫作"丝漏"。发生这种情况,应立即送交相关部门拧紧或更换角阀,用户切勿自行处理。

（2）角阀杆处漏气。应立即送交相关部门更换橡胶密封

圈,切勿自己修理。

（3）角阀出口处漏气。如果角阀出口漏气较轻,每秒钟或数秒钟只冒一两个气泡,则可拧紧减压阀继续使用,但应确保液化石油气钢瓶、角阀、减压阀、输气管、灶具各处严密不漏;如果角阀出口漏气较严重,要立即送交相关部门更换阀芯垫,切勿自己乱动。

（4）液化石油气钢瓶焊缝处漏气,通常叫作"焊漏"。这是由于焊接质量不好、有砂眼、夹渣或没焊透。发现这种情况时,应立即送交相关部门处理。

（5）减压阀与角阀连接处漏气。出现这种现象时,如果减压阀阀体松动,则说明手轮没拧紧,只要拧紧手轮即可。如果拧紧手轮仍漏气,则说明减压阀进口橡胶密封圈损坏,应更换橡胶密封圈。如果手轮已拧紧而减压阀仍松动,则说明减压阀与钢瓶角阀配合不好,应送交相关部门更换钢瓶或减压阀。

（6）减压阀与输气管、输气管与灶具接口处漏气。这是由二者口径不一致、配合不严密所造成的。遇到这种情况,只要用塑料薄膜塞紧捆牢即可。另外,如果是输气软管老化、裂缝和烧损,应更换输气软管,才能继续使用。

（7）液化石油气灶具开关处漏气。这主要是开关阀芯与阀体配合不严密所造成的。如果开关底部螺丝松动,则可以拧紧螺丝。如果螺丝不松,则说明磨损严重,应送交相关部门修理。

（8）减压阀阀体漏气。这是由于阀体上下盖螺丝没有拧紧。如果拧紧后仍漏气,则说明橡胶薄膜损坏,应立即更换橡胶薄膜。

26. 液化石油气引起火灾的原因是什么？

（1）钢瓶使用时间长,没有定期检漏,致使发生锈蚀漏气而又未被发现,或闻到特殊的臭味,明知有液化石油气泄漏却麻痹大意。

(2)钢瓶内充装液化石油气过量,当温度升高时,由于液化石油气膨胀系数大,造成瓶体爆炸事故。

(3)钢瓶撞击受损,使液化石油气喷射出来。

(4)擅自处理残液。

(5)减压阀上不紧或损坏。

(6)减压阀呼吸孔被堵塞。呼吸孔堵塞会破坏减压特性,使高压气送出。

(7)减压阀薄膜损坏。当减压阀内的薄膜损坏时,漏出的是高压液化石油气(其声音很大)。

(8)角阀压母松脱。

(9)胶管老化,接口处密封不严。

(10)用户自己改装灶具,拆卸后密封不良或破坏了原来设计合理的部件。

(11)检修灶具时发生着火事故。

27. 液化石油气起火时的紧急处理措施有哪些?

使用中万一不慎发生事故,只要不惊慌失措,及时采取正确的抢救措施,一般可迅速处理,避免事故发生。但如果惊慌害怕,致使抢救措施不当,就会酿成火灾,造成重大损失。当起火时,除应及时尽力扑灭外,还应立即通知消防部门来救火。

出现意外事故时,应根据不同着火部位分别进行处理,具体措施如下:

(1)灶具部位着火的处理方法。着火部位发生在灶具阀门开关处、橡胶软管与灶头接头处,或橡胶软管上。这时,只要立

即把液化石油气钢瓶角阀关紧,切断气源,火焰即可熄灭。

(2)角阀或减压阀起火的处理方法。一种方法是关闭角阀,切断气源;另一种方法是先灭火,再关角阀。

关闭角阀,切断气源。 用户在换钢瓶时,减压阀上不紧或丢失了减压阀的密封圈,是造成事故的常见原因。另外,胶管漏气、灶具漏气也会发生角阀或减压阀起火事故。遇此情况,应设法关闭角阀,切断跑气的气源,这样火焰会立即熄灭。因为这类事故发生的火焰只是在钢瓶的护罩和减压阀手轮处较大,因此,把角阀关闭后,火就会迅速熄灭。关闭钢瓶的角阀可以采取以下3种方法:

徒手关闭角阀。徒手关闭角阀适用于着火初期,火焰不大,着火时间又短,才可徒手关闭角阀。徒手关闭角阀要特别留心关闭方向。由于惊慌失措,误将角阀开大,不但不能救火,反而会造成事故扩大,这一点要特别引起注意。徒手关闭角阀,动作要迅速,不可犹豫,要求一次关上。因此,液化石油气钢瓶不能放在不易操作的地方(如放在桌子底下)。

用湿毛巾盖上角阀后再关。着火时间较长,徒手关闭角阀已不可能时,可从钢瓶上的护圈没有缺口的侧面将湿毛巾抖开,下垂毛巾挡住人体,平盖在护圈上口,隔着湿毛巾迅速抓住角阀手轮,关闭角阀,火就会熄灭。

戴手套关角阀。着火时间较长,徒手关闭角阀不可能,可以戴上用水沾湿的手套迅速关闭角阀,以防止手被烫伤。

先灭火,再关角阀。 这也是一种很好的抢救方法,但要求用户必须备有必要的干粉灭火剂或灭火器。着火时,用手抓一把干粉灭火剂朝火焰方向抛撒,火焰很快会被扑灭。如果没有干粉灭火剂,用沙土也可以。火熄灭后应迅速关上钢瓶上的角阀,若不关闭角阀还会有起火的危险。

如果火势较大或关闭角阀失效,可立即剪断橡胶软管,把液化石油气钢瓶拖到室外无明火、无易燃杂物的安全地方,同时立即通知消防部门灭火。注意燃烧的液化石油气钢瓶最好直立放置,气烧完,火自灭,不会发生其他危险。如果液化石油气钢瓶不能直立放置,则一定使其在上风头,火焰在下风头,把气烧完,火自灭。最危险的是,火在上风头,液化石油气钢瓶在下风头,风吹火烤着瓶体,使钢瓶内压力升高,致使钢瓶发生爆炸。

灭火时可用消火栓或消防车的高压水。高压水的水量大而集中,能迅速起到隔绝空气的作用,把火扑灭。火焰扑灭后,应立即关闭角阀,切断气源,以免第二次起火。必须注意:液化石油气着火用泼水的方法扑不灭,泼水起不到隔绝空气的作用,因而不能阻止燃烧。

第七章　家用燃气燃烧器具防火

1. 家用煤气灶的基本构造及其作用原理是什么？

　　家用煤气灶一般由三部分构造组成：第一部分为供气系统，由煤气进气管道、开关（旋塞）等组成；第二部分为燃烧器，由喷嘴、混合管、燃烧器头部、火盖及一次空气调节螺钉等组成；第三部分为框架及其他部件，由灶脚、灶板和锅架等组成。

　　煤气灶的作用原理是：煤气通过供气系统进入开关，当打开开关点火时，煤气从喷嘴喷入燃烧器引射管，凭借其负压引入一次空气（部分空气）；煤气与一次空气的混合物进入燃烧器头部，由火孔喷出再与部分空气（二次空气）混合，边扩散边燃烧。

2. 安放煤气灶具时用户应注意哪些事项？

　　（1）煤气灶具的安放一般不要离接灶立管末端的气嘴太远；用来连接煤气灶与管道末端气嘴的软管应到煤气公司购买，长度一般在 1 m 左右为宜，千万不得用氧气管或其他管子代替。

　　（2）软管不要被重物挤压，不要让火焰烘烤，软管两端连接处最好用细铁丝拧紧。

（3）严格禁止拖长软管将煤气灶安放在卧室内使用。

（4）不带灶架的灶具，应水平安放在耐火的灶台上。灶台千万不能用木料等可燃材料制作，也不宜太高或太低，一般以60～70 cm为好。

（5）煤气灶具不要在有穿堂风的地方设置，以免风吹火焰，降低灶具的热效率，还可能把火焰吹熄引起事故。

（6）灶具的布置要便于人员操作，当布置两个以上蒸锅火眼时，灶台水平净距不应小于0.4 m；布置两个以上的炒菜锅火眼时，两锅净距不应小于0.25 m。炉膛应个个分开，彼此不可连通。每个炉膛应留有二次空气进风口。

（7）厨房燃烧器额定流量大于6.5 m^3/h，产生废气较多，应设烟道；在没有烟道装置的炉灶上部应加装排烟设施。

（8）灶具不应直接安装在煤气表之下，与煤气表之间的水平间距不应少于300 mm，煤气表距地面1.6 m。

3. 厨房安装煤气灶有什么防火要求？

（1）厨房的面积不应小于2 m^2，室内高度不低于2.2 m，这样煤气一旦漏气，尚有一定的缓冲余地。同时，煤气燃烧时会产生一些废气，如果厨房空间小，废气不易排出，易发生人身中毒事故。

（2）厨房与相邻卧室应很好隔离，防止漏出的煤气流入卧室。

（3）厨房内不应放置易燃物。

（4）煤气管道与灶具之间尽量不用胶管连接，更不能使用过长的胶管连接。这是由于胶管的连接处易发生漏气，是事故

的隐患。

(5)厨房应有良好的通风,最好安装排气扇,以便随时排出废气,冬季不要把窗缝糊死。

(6)厨房温度不宜过低,在 5 ℃以上为宜。

4. 使用家用煤气灶前应注意什么?

(1)认准煤气灶的适用气源种类。煤气灶的种类必须有符合要求的"型号标记"。

(2)连接好进气软管。

(3)进行静态气密性检验。就是在灶具安装完毕之后、投入使用之前需要进行是否漏气的检验。

(4)进行动态气密性检验。就是灶具在进行燃烧工作时,检验其各个开关内部及其连接部位的密封程度。

(5)在完成上述检验后,还要卸下锅架或灶面承液盘,检查燃烧部件的位置是否准确无误。如有差错,应及时调整好,才可投入使用。

5. 家用煤气灶的使用步骤是怎样的?

(1)打开气嘴。

(2)自动点火。手向里按旋钮,按箭头方向转动一定角度后即可听到击发响声,电火花即可点燃灶头的混合气体,此时手可松开,再左右转旋钮调节火焰大小。

(3)调整挡风板,使一定比例空气混入助燃,直到呈蓝色火焰(最佳)。

（4）向火焰减弱方向将旋钮旋到底即可灭火。暂时不用或外出时，切勿忘记关掉气嘴，以免发生意外。

6. 怎样安全使用煤气灶？

（1）安装煤气灶的厨房不能睡人，防止因漏气造成煤气中毒。

（2）要教育小孩不要玩弄煤气开关，以防止发生危险。

（3）使用煤气时，一定要有人照看。若没人照看，一旦被风吹灭或汤水溢出造成火焰熄灭，漏出的煤气就会造成人身中毒或引起火灾。

（4）煤气表附近不能堆放可燃物。

（5）"火等气"，即先点火而后再开气。

（6）自动点火时，转动旋钮开关的动作要利索；如一次点火不着，应立即将旋钮回转到关闭位置，然后再进行旋转点火，以免煤气外漏；如自动点火装置失灵，用外来火源点火，也应先在燃烧器火孔处使火种发火，再打开燃气开关。

（7）要学会调节风门，根据火焰燃烧情况调节进风量的大小，以防止出现脱火、回火和黄色火焰。

（8）用旋塞阀调节火焰大小时，一定要缓慢转动，切忌猛开猛关，以火焰不击锅底为度，以防损坏。

（9）燃烧时的火焰，特别是配有大小火装置的小火火焰意外熄灭，应立即关闭旋钮开关；疏通室内空气，使流出的煤气散去后，才可重新点火燃烧。

（10）发现有煤气漏出，应立即打开门窗进行通风，排出煤气。此时，严禁各种火种进入室内，更不能开、关电灯，以防引起

煤气爆炸。如发现供气通道漏气,或灶具与阀体漏气,应请专人检修。

7.点燃煤气灶时应特别注意的事项是什么?

居民用户准备点燃煤气灶时,首先要将接灶立管末端的气嘴打开,即由水平位置旋转至垂直位置。

目前较为常用的家用煤气灶,本身都有自动电子点火装置,点火装置与煤气灶开关旋钮装在一起,点火时按箭头所指的方向扭动。

在开启煤气灶开关时,一定要先将旋钮推进去再扭动。这部分机构叫"自锁",就是关闭之后自动上锁的意思,是为了防止人们不注意碰动开关,或小孩随手扭动造成煤气泄漏而专门设置的。居民用户切记不要硬扭,否则会把开关旋钮扭坏。关闭灶具开关时,有一种向外跳出的手感,说明开关确已关闭。

8.煤气灶的哪些部位容易漏气?

(1)管线上各种接头填料或垫圈损坏。

(2)管子被腐蚀有孔眼。

(3)煤气表损坏。

(4)软管使用年久,老化变硬、断裂,或被挤压、穿刺出现砂眼,或两端连接不严,都会出现漏气现象。

(5)家用煤气灶使用年久,灶具开关旋钮润滑油干涸耗尽,转芯与阀体之间摩擦缝隙增大,最容易漏气。

(6)煤气表前阀门填料损坏。

9. 家用煤气灶漏气怎么办？

（1）首先一定要特别小心，不能动火，不能吸烟或用铁器相互敲打，总之防止一切火花产生。此时应立即打开厨房门窗进行自然通风（此时不可打开排气扇强制排气通风），以降低厨房内泄漏的煤气浓度，同时用肥皂水在可能漏气的部位进行试验。试验地方若产生气泡，表明此处漏气，此时应首先关闭进气阀门。漏气点无法自行修理时，应立即通知燃气管理部门进行修理。

对煤气系统检漏绝不允许使用火柴点火的方法，这样做是很危险的，其后果不堪设想。

（2）如果是开关旋钮不严，用户可先关掉气嘴，然后拆下灶具开关旋钮清洗加油。拆卸时，先将开关旋钮转芯取出，切勿将弹簧、垫圈、卡簧、螺钉和螺帽等小零件失落。转芯取出后，先用干软布擦干净，再在其表面薄薄抹上一层黄油，黄油要抹匀，避免把芯孔堵塞，然后重新装好转芯。每套转芯都是单独配套的，切记不要插错。最好每隔半年就给煤气灶开关旋钮清洗加油一次。

（3）如果是软管两端连接处太松而漏气，用户可剪去松弛部分继续插上使用；如果软管断裂或有砂眼，用户应及时到附近的煤气管理站购买新软管使用。

10. 维护家用煤气灶应注意些什么？

（1）要爱护灶具，保持灶具的清洁完好。燃烧器上的火眼

易被稀饭、菜汤、药汁、灰尘等污物堵塞,应随时去污,擦掉水渍,并常用细铁丝疏通火眼,以保持灶面清洁,煤气畅通。

（2）经常检查旋塞密封的严密度,要及时上油。

（3）长时间燃烧后,灶面温度较高,要防止滴漏冷水,以免使灶面漆皮脱落。

（4）要常检查连接软管,看是否有龟裂老化的现象,发现问题应马上更换新软管。

11. 怎样安全使用燃气烤箱灶？

（1）要熟悉使用方法和注意事项。如果是初次使用烤箱灶,用户应认真阅读产品使用说明书,掌握烤箱灶的使用方法和注意事项等。

（2）首次使用时要检查重要部件的状况。检查灶具的部件是否齐全,零配件的安放位置是否适宜。如果部件位置不合适,应及时更正,否则会妨碍使用效果。

（3）排烟口附近不要放置物品。禁止在烤箱灶的排烟口及灶面上堆放易燃物,以免堵塞排烟口或引燃堆放物品而引起火灾。

（4）要确认烤箱灶的燃烧或熄火状态。点燃烤箱灶燃烧器后,应确认是否已经点着;关闭燃烧器时,应确认是否熄灭。在烘烤食品过程中,操作人员不可远离厨房或外出办事。

（5）定期检修燃气管路接头和阀门。燃气烤箱在工作过程中周围的温度较高,管路接头的密封填料或阀门的密封脂容易损坏或干涸,从而引起漏气。因此,需要定期检查或更换管路接头的密封填料,重新添加密封脂。

（6）要注意室内通风换气。使用烤箱烘烤食品时，应打开厨房的排气扇或排油烟机；未设排气扇或排油烟机时，应打开门窗，以保持室内有良好的空气环境。

12. 家用燃气热水器怎样安装才是正确的？

（1）房间面积不得小于 3 m²，房高不小于 2.6 m。

（2）房间必须有进气口、排气口，进气口和排气口的有效面积应不小于 0.03 m²，烟气通过排气口直接排至室外。房间内应安装排气扇。

（3）热水器的安装位置应便于操作和检修，且不易被碰撞。距地高度为 1.2～1.5 m。

（4）应安装专门排烟装置，将烟气排到室外；烟道上应设有防风口，以防室外气流倒入烟道，影响热水器的正常工作；烟囱与天花板之间的距离相隔 20 cm 以上。

（5）安装热水器的墙壁应是耐火壁面，热水器与墙净距应大于 2 cm。不允许把热水器安装在靠近煤气表处，二者的水平间距不得小于 0.3 m。热水器周围 0.3 m 之内不得放置易燃物。直排式热水器的出烟口与房顶距离应大于 0.6 m。热水器的上部不得有电话线、电器设备等。

（6）安装方法：①安装时应保持热水器平正；②将挂钩固定在墙上，然后把热水器挂在挂钩上，并加以固定，使其不倾斜或松动；③接好冷水管（应特别注意，切勿接错冷水管、热水管，否则，主燃烧器就无法引燃加热）；④接好煤气管；⑤冷水管、热水管及煤气管的连接处应配有密封固定装置。

（7）下列地方不宜安装热水器：①有强风吹入的地方及吹

风口附近;②有可燃性气体的区域内或其他燃烧器附近;③有窗帘或其他易燃物及特殊物品的地方或附近;④放置食品、食具的地方;⑤室外风雨侵入的地方。

(8)直排式和烟道式热水器严禁安装在浴室内或没有换气条件的房间内。烟道式和平衡式热水器的烟道应有足够的排烟能力。水平烟道的总长度一般不超过 3 m。烟囱出口应设风帽,风帽的高度应比建筑物高出 0.5 m,并具有防雨、雪灌入的措施和良好的抗风性能。

13. 燃气热水器在点火前应做些什么准备工作?

(1)接通水源,打开热水龙头,将水温调节旋钮调至"最低"位置(这时水量最大),开启供水总阀,检查出水是否正常、畅通;关闭热水龙头,检查各连接处是否漏水,若有故障应立即排除。确认正常后,关闭热水总阀,待用。

(2)检查燃气热水器燃气调节阀的旋钮是否处在"关"的位置上,如不在"关"的位置上,要把它调整到"关"的位置。然后开启燃气总阀,用嗅觉检查有无异味,如有异味应立即关闭燃气总阀,检查原因,排除故障。

(3)点火分两种情况。一是新装使用压电陶瓷点火器点火的热水器,要进行点火的磨合工作,即重复点火操作,以排出管道内积存的空气,保证点火,一般以着火率达到80%为准;二是长期使用的热水器,可先点一次火,观察长明火是否正常,若出现异常情况,如火焰变小等,则要进行清扫,排除故障。

特别要注意的是,只有在长明火点燃的条件下才能送水,不然是很危险的。因为一送水(热水龙头打开时),水 – 气联动装置就把燃气锥阀开启,着火前主燃烧器已有燃气喷出,它会造成爆炸等重大事故。

14. 怎样正确使用家用燃气热水器?

（1）点火前准备,即打开气源开关。

（2）点火。开启点火旋钮,一般均向逆时针方向转动,当发出响声后,即已自动点着。如点火不着或未被点燃,应迅速将旋钮回转至原来关闭位置,重新点燃。待确认着火后,再把开关旋钮逆时针方向旋转至尽头。无论点火还是旋转旋钮,均不能用力过猛,以免损坏机件。

（3）放热水。确认正常燃烧后,开启供水总阀。此时,打开热水龙头,主燃烧器点燃,热水即可流出。

（4）调节火力。使用燃气旋钮,由原来点火时的"开"位置调到需要的位置。

（5）调节水温。不使用分流混合装置调节水温的,需在开机前调节水温控制旋钮。若调至水温"最高"处,则热水量最小;至水温"最低"处,则热水量最大。有分流混合装置的,可把水温调至高值,使用时启用冷水分流混合旋钮。

（6）停用热水。热水龙头关闭,主燃烧器即自动熄火。重新开启热水龙头,主燃烧器立即点燃,但要注意此时的水温一般都偏高,需注意安全。热水使用完毕,在关闭热水龙头后,要关闭燃气调节阀。为避免热交换器产生水垢,亦可先关燃气(调节)阀,再关热水龙头。

（7）使用结束,关闭进水总阀和燃气总阀,并检查周围有无异常情况。

15. 使用燃气热水器怎样注意防火和安全?

(1)必须选用经国家有关部门检测合格的燃气热水器。

(2)安装燃气热水器应该通过当地燃气管理部门批准后方可安装,不可自行安装。

(3)供燃气系统应安装可靠,安装完毕后应用肥皂水进行检漏。

(4)燃气热水器规定使用的燃料种类应与用户使用的燃气一致。

(5)使用燃气热水器时,应严格按产品说明书操作。

(6)用户应检查用气的压力与热水器燃气压力是否相同。当燃气的压力大于热水器额定压力 2 倍时,必须在热水器进气管前安装调压器。

(7)热水器应固定在耐烧的墙上。

(8)使用热水器时一定要打开门窗通风或采用排气扇强制排气,否则易造成窒息。

(9)使用热水器应注意供水,停水时应即刻停火,否则易引起火灾。

(10)要及时清除热水器积炭,保证充分燃烧,发现问题及时联系燃气管理部门进行修理。

(11)热水器严禁安装在浴室内或厕所内,或安装在不通风的地方。应安装在厨房或空气流通的地方,这样才能保证人身安全。

16. 燃气取暖器使用过程中应注意哪些安全事项？

（1）每次点火之前应检查取暖器是否漏气，设置取暖器的房间的进气口、排气口是否敞开。

（2）禁止不熟悉操作方法的人、神智不太清楚的老年人、少年儿童等操作燃气取暖器，也不许醉酒者进行操作。

（3）无论取暖器工作与否，均不得在取暖器上放置物品。

（4）使用直排式取暖器时，连续采暖时间以 1 h 以内为宜，最长不许超过 2 h。

（5）采暖过程中，房间内应有人管理。当外出时应关掉取暖器。

（6）采暖期过后，应将取暖器的燃气和冷热水阀门关闭。做好对取暖器的保养，如果使用的是红外线取暖器或热风取暖器，应擦拭干净，用纸包好或装入纸袋，存放在干燥通风处。如果使用的是热水取暖器，应擦净盖好。发现损坏部件要及时修理。来年再使用时，要对水路、气路重新进行严密性试验后方可使用。

第八章　家用燃性液体防火

1. 易燃液体具有什么样的特性？

（1）易燃性。表现在以下几方面：①闪点低，在常温下遇明火即能使表面的蒸气闪燃，往往引起燃烧；②燃点低，一般比闪点高 1~5 ℃；③挥发性大，而且大多数易燃液体的蒸气比空气重，易沉积在低洼处，不易散发，更增加了着火的危险性；④点燃能量小，易燃液体的蒸气只要极小能量的火花就可以点燃。

（2）易爆性。由于易燃液体的沸点低，挥发出来的蒸气与空气混合后，其浓度极易达到爆炸极限，遇火源往往会发生爆炸。

（3）流动扩散性。易燃液体的黏度一般都很小，容易流淌，因渗透等作用，即使容器只有细微裂纹，也会渗出容器外，源源不断地挥发，造成空气中的易燃液体蒸气浓度不断升高，增加了燃烧、爆炸的危险性。

（4）受热膨胀性。易燃液体的热膨胀系数通常比水的大得多，受热后蒸气压增高，使密闭容器中的压力升高，造成"胀桶"，甚至炸裂。因此，易燃液体应避热存放，灌装时容器内应留有 5% 以上的空间。

（5）忌氧化剂和酸。易燃液体与氧化剂或某些有氧化性的酸接触，容易发生氧化反应，导致燃烧、爆炸；与有腐蚀性的酸接触，会造成"烂桶"，使液体外溢，有燃烧的危险性。

（6）电阻率高，容易积聚静电。部分易燃液体，如苯、甲苯、汽油等电阻率都很高，在管道输送等情况下，容易积聚静电而产生静电火花，造成火灾。

（7）毒性。部分易燃液体有毒，有的毒性还较大，因此在操作过程中应做好劳动保护工作。

2. 可燃液体按闪点可分为几级？

（1）闪点在 28 ℃ 以下的有汽油、酒精、乙醚、香蕉水等。
（2）闪点在 28~45 ℃ 之间的有煤油、松节油等。
（3）闪点在 45~120 ℃ 之间的有柴油、重油等。
（4）闪点在 120 ℃ 以上的有润滑油、桐油等。

3. 家庭中常用的易燃液体和可燃液体有哪些？

家庭中常用的汽油、煤油、酒精、松节油等均为易燃液体。柴油、机油、缝纫机油、食用油等为可燃液体。

4. 酒有什么危险性？

酒是一种易燃液体，主要成分是乙醇和水。国内酒的种类繁多，酒精度也不一样。酒精度是指酒内乙醇的含量。

乙醇的闪点为 11 ℃，是易燃的液体。它的爆炸极限为

3.5%～18%（体积分数），所以乙醇蒸气与空气混合达到爆炸极限，遇火也会爆炸。

酒内含醇量不同，闪点也不同，如表8－1所示。

表8－1 不同含醇量的酒的闪点

含醇量/%	闪点/℃	
	甲醇	乙醇
100	7	11
75	18	22
55	22	23
40	30	25
10	60	50
5	—	60

5. 汽油的性能特点怎样？

（1）质轻。汽油比水轻，不溶于水，起火后不能用水扑救。

（2）闪点低。闪点为－58～10 ℃。因闪点很低，在－50 ℃都能蒸发，而且温度越高，蒸发越快。属于一级危险易燃液体，很容易燃烧，可以说见火就着。

（3）易挥发。在常温下汽油挥发速度比较快，40 ℃挥发速度更快。

（4）汽油蒸气容易爆炸。爆炸极限为1.58%～6.48%（体积分数）。就是说当空气中的汽油蒸气含量达到这个范围时，如遇到明火就会发生爆炸，接着引起汽油燃烧。

6. 预防汽油火灾的主要措施有哪些？

（1）家庭一般不准储存汽油，有摩托车或汽车的可到加油站加油。

（2）储存汽油的容器要牢固、密封。要用铁桶加密封盖盛装，不得用玻璃瓶盛装，以防破碎。不得用塑料桶盛放，以防静电火花。

（3）在灌装汽油时，绝对禁止用明火靠近，不得使用普通电灯或蜡烛、煤油灯照明，以防引起爆炸。

（4）汽油装桶不得装得太满，桶内要留 5%～7% 的空间，防止汽油受热膨胀，发生"胀桶"爆裂。

（5）向汽油桶灌装汽油时，桶底要接地，防止静电放电，装后桶盖要旋紧，防止汽油蒸发。

（6）汽油桶要放置在阴凉、通风良好的专用房间，禁止放在厨房、走道、床下或楼梯间，以防发生危险。

7. 家中为什么不能储存汽油？

汽油的闪点低，易挥发，汽油蒸气容易爆炸。一旦汽油着了火，发生爆炸，会因家里既无专用设备又无相应的灭火器材而无法扑救，不但危及自身，还会殃及四邻，后果不堪设想。因此，往车里加油要到加油站去。

8.为什么用汽油刷洗机械零件会引起火灾？

　　汽油闪点很低,在常温下会挥发出大量的可燃蒸气。当用汽油刷洗机械零件时,由于摩擦生热并随着热量的增加,可燃蒸气挥发得更快更多,与空气混合极易形成爆炸性混合气体。由于洗刷过程中的摩擦作用产生静电并越积越多,刷洗过程中刷子与零件间瞬间脱离,就会形成高电位差,在适当距离即可放电打火,引起火灾。因此,用汽油刷洗机械零件很危险。同样,用汽油擦洗地板也不安全。

9.为什么不宜用塑料桶灌装汽油？

　　塑料桶是绝缘体,电阻率很高,很容易产生和积聚静电。而汽油也属不良导体。当向塑料桶灌装汽油时,由于汽油和桶体摩擦、撞击会产生静电,其电压可高至上千伏乃至上万伏,电位一般可达 300 V。在灌装时如塑料桶摇晃,电位还将继续升高。由于塑料是绝缘体,所带静电不可能泄漏,而桶内的汽油也带有与桶体极性相反的高电位静电。因此,当金属或人的手接近桶口时,便可能出现静电放电,产生电火花,引起燃烧或爆炸。

10.家庭使用、储存汽油的注意事项有哪些？

　　确系临时少量或其他特殊原因需要在家庭使用、储存汽油时,为防止引起火灾、爆炸必须认真做到以下几点:

　　(1)首要一点就是必须增强居民的消防意识,通过各种宣传教育,切实提高人们防火安全知识,熟悉汽油性能,认识其火灾危险性和严重性,从而谨慎使用,以求防患于未"燃"。

(2)储存汽油的容器不要使用塑料桶或玻璃容器,因为塑料桶会产生静电,而玻璃容器则易破裂,最好用金属容器盛装。汽油桶盖一定要旋紧,以防汽油蒸气的挥发。

(3)汽油存放的地点应选择远离高温、火源及人们不易碰到的地方,千万不可放在灶间、门后、走道、床下和楼梯间,以免发生不测。

(4)存放汽油的房间如有浓重的汽油味,要及时查找原因,但绝对不可点火照明。对滴漏到地面上的汽油不可用炉内或灶内的热灰吸收,也不可用抹布使劲擦,以免因余火或产生静电起火,引燃存放的汽油及其他可燃物。

(5)汽油桶在使用或灌装时要谨慎小心,防止油花四溅,此时要绝对禁止吸烟或动用明火。加完油后要及时把油箱盖好,把溢出在外面的油揩拭干净,并且将用来擦油的纱头、干布妥善处理。

11. 怎样安全使用煤油炉?

(1)煤油炉必须放置在安全地点,不得靠近窗帘、蚊帐、木箱柜等可燃物,不要放在容易碰到的地方。

(2)煤油炉不能直接放在木质地板上,应放在隔热的垫板上。

(3)使用煤油炉之前,首先要检查是否漏油。如果漏油,则应修好再用。

(4)往煤油炉内加油,必须在炉火熄灭的情况下进行,严禁

在炉子燃烧时加油。不要加得太满,加油量为80%左右即可。洒在炉体上或溢流到外面的油,要及时擦拭干净。

(5)使用煤油炉时要有人看管,如离开时必须熄火。不准小孩或智力不全的人使用和看管煤油炉。

(6)煤油炉换捻芯时,要使用与原来粗度相同的棉纱,不能用化学纤维作捻芯。

(7)煤油炉使用后,必须熄灭火焰,经过充分冷却后方可装入箱、盒内存放,以防烤燃。

(8)不准将汽油掺入煤油内燃烧,更不准用汽油或其他闪点在28 ℃以下的易燃液体作燃料。

(9)如果煤油炉着火,可用沙子、湿麻袋、湿棉被覆盖。

12. 煤油炉为什么不能用汽油作燃料?

(1)闪点不同。汽油的闪点为 - 58 ~ 10 ℃,而煤油为28 ~ 45 ℃。我国无论南方或北方,室内的平均温度都大大超过了汽油的闪点,却很少能达到煤油的闪点。

(2)汽化速度不同。汽油的沸点为40 ~ 200 ℃,煤油却高达175 ~ 325 ℃。这就是说,汽油在常温时汽化速度比较快,当温度达40 ℃时汽化就更快;而煤油在常温下汽化速度很慢,只有到175 ℃时汽化才比较快。燃烧的煤油炉的油壶温度较高,不得向壶内加汽油,尤其不得向燃烧着的煤油炉加汽油。因汽油受热后极易汽化,形成汽油蒸气与空气的混合物,达到爆炸极限时遇明火就会爆炸。

(3)设计要求不同。煤油炉的规格型号、技术要求是以煤油作燃料设计的。如果用汽油作燃料,会使炉体和储油盘温度迅速升高,大量汽油汽化,引起各个储油盘燃烧,引燃附近可燃物。所以,千万不要用汽油作煤油炉的燃料。

13. 防止使用油漆发生火灾的措施有哪些?

（1）油漆、溶剂应根据需要用多少买多少,在城镇可分批购买。买回的油漆放在人们不易碰倒、远离明火的地方。

（2）居民在家中用油漆刷房间、家具、地板时,要打开门窗,加强自然通风,降低易燃蒸气浓度,使其达不到爆炸极限。

（3）涂刷油漆的室内应严禁明火,不得在室内抽烟,不得用明火熔化骨胶。

（4）气候潮湿,刷过的油漆发白,禁止用火炉、灯泡烘烤。对泡过水发白的油漆部分,可适量加入松香去白,或待晴天晾干,切不可用明火加热。

（5）用过的油漆、稀释剂等要盖好盖子,减少易燃蒸气挥发,并把它们放在较安全的地方。

（6）涂刷油漆之后,要待油漆蒸气充分散去才可在室内使用明火。注意不可用普通电风扇驱散油漆蒸气。

（7）揩拭过油漆的纱头、抹布要妥善处理,不可乱扔;剩余的油漆、溶剂要加盖后放于安全地点,清洗后的污染溶剂不得乱倒,更不可倾入下水道。

（8）涂刷完毕或室内气味较浓时,亦应严禁在室内吸烟、生炉子、开启电灯或动用其他明火,以防发生危险。

14. 使用摩托车怎样预防火灾?

（1）摩托车存放在家里,应关闭油路,远离明火。

（2）不要在室内往车内加油,应到加油站加油,加完油应及时把油箱盖好。

（3）向摩托车加油时严禁吸烟。

（4）不允许将漏油的摩托车存放在室内。

（5）严禁使用明火检查油箱内的油量。

（6）不允许在室内用汽油、煤油等易燃液体擦车。

15. 摩托车洗件过程中的火灾危险性怎样?

（1）在使用汽油清洗零件的附近,尤其是在紧靠油盆处,划火柴吸烟易引起火灾。

（2）清洗零件时距电炉等电器设备太近,由于电阻丝温度过高(实际成了明火源),引起油盆着火。

（3）在洗件的汽油盆附近烧电焊引起火灾。

（4）在洗件过程中不慎将油倾倒在地面上,随后将未熄灭的火柴梗扔在浸有汽油的地面上发生火灾。

（5）在洗件过程中用油棉纱擦手时,吸烟引起棉纱着火。

（6）洗件后的废油不妥善处理,废油盆随意乱放,小孩玩火引起油盆着火。

16. 摩托车临时洗件场所的防火措施有哪些?

(1)不得在席棚内进行洗件作业。在二级耐火建筑物内或洗件时间在 1 h 内的露天场所,油盆距离明火(包括吸烟)不得小于 15 m。洗件过程中不得将油倾倒在地上。

(2)洗件场所不得存放大量的易燃、可燃液体。一个洗件场所使用的油盆最好不超过 2 个,一个油盆内的油品清洗剂不宜多于 2 kg。洗件后的废油不得倒入下水道,要统一妥善处理。严禁用混合油(废油)烧煤油炉。

(3)沾油的棉纱、抹布、手套等不得乱丢,应放在专设的金属容器内,并及时进行处理。

(4)进行经常性的防火安全检查,清除不安全因素。

(5)配备一定数量的泡沫、干粉、二氧化碳等灭火器及麻袋和沙子等,以便发生事故时及时扑救。

第九章　家庭灭火常识

1. 怎样打火警电话？

发生火灾不要惊慌失措，要保持镇静，火警电话号码"119"要记清。

（1）火警电话打通后，应讲清楚着火单位、所在街道、门牌或乡村的详细地址。

（2）要讲清什么东西着火，火势怎样。

（3）要讲清是平房还是楼房，最好能讲清起火部位、燃烧物和燃烧情况。

（4）报警人要讲清自己的姓名、工作单位和电话号码。

（5）报警后要派专人在街道路口或村口等候消防车到来，指引消防车去火场的道路，以便消防车迅速、准确到达起火地点。

2. 发现着火是先报警还是先救火？

当您发现着火，现场只有您一个人时，不管情况如何，不能见火就跑。因为初起火灾容易扑灭，应一边呼救，一边进行扑救。但要首先估量自己是否有能力、有把握将初起火灾扑灭。

如果有能力,那就使用相应的灭火方法将火扑灭。如果认为自己无能力灭火,就应该立即去报警。在报警路上可以一边喊一边跑,以得到群众帮助和引起邻里的注意。

发生火灾后,要找一位口齿清楚、头脑清醒的人去打报警电话。具有消防意识的人可以组织街坊四邻设法灭火或抢救。当然,一定要注意安全以等待消防人员的到来。

3. 为什么发现火情后要迅速报警？

一般发现火情以后,首先应迅速准确地报警。只有早报警,才能在较短时间内调集较强的灭火力量到达火场,及早控制火势蔓延和扑灭火灾,并为火场人员赢得安全疏散的时间,从而尽量减少损失。

任何人,在任何时间和场所,一旦发现起火(阴燃冒烟有烤煳味、烟呛或出现火苗)都要立即报警,并参与扑救火灾。报警时,应根据火势情况,首先向周围人员发出火警信号,同时应以最为简便迅捷的方式报告消防队,然后再通知单位(村、街道)领导和有关部门,这是报警的基本程序。发现起火后,采取一些紧急的处理和扑救措施是必要的,但不能因此而延误甚至忘记报警。

必须注意,不要以为火势很小,自己有充分把握扑灭而不报警。消防队救火是不收钱的,这是他们的职责和义务,认为消防队救火要收钱而不敢报警是完全不必要的。须知火势的发展往往难以预料,若因扑救不当,对着火物性质了解不足及灭火器材性能所限而扑救不力,则可能造成火灾迅速蔓延,又因消防队接到报警晚,到来迟,延误战机,使火灾难以扑救而造成重大损失。

4.发现火情时的报警有哪两种？ 其方法与基本要求是什么？

发现火情时应立即向消防队和周围群众报警。

（1）向消防队报警的方法与基本要求是：①在城市向消防队报警，切记均应直接拨"119"火警电话号码。"119"是全国统一规定的火警专用电话号码，拨通这个电话号码就可以直接向当地消防队报警。也可以向当地企事业单位专职消防队报警，报警时拨通该单位的一般电话号码即可。②有专线火警电话的单位和场所，可用专设的有线、无线电话向消防队和专职的消防队报警。③无专线火警电话的城镇、乡村可用普通电话或手机报警。④无电话的农村地区或距消防队很近时，可跑步、骑车或乘车到消防队直接报警。⑤一些重点单位或通信条件差的单位，可用事先规定的信号（如信号弹、特种烟幕等）向当地消防队的火警瞭望塔报警。⑥报告火警时，可采取多种方法进行，直到消防队受理为止。⑦用电话报警时，要沉着冷静，拨准"119"火警电话号码或当地专职消防队的电话号码。接通后，要首先询问是否是消防队，得到肯定回答后，方可报警。⑧用电话报警要讲清楚起火地所在地区、县、街道门牌或乡镇、村庄，说明是什么东西着火，是否有人被围困，火势大小，有无爆炸性危险物品等情况；要讲清报警人的姓名、单位和所用的电话号码；并注意听消防队的询问，正确、简洁地予以回答；待对方明确说明可以挂电话时，方可挂电话。⑨报警后，要立即亲自或派人到单位门口、街道口或交叉路口迎候消防车，并带领消防队迅速赶到火场。⑩直接报警时，可简要说明起火单位及有关情况，并带领消防车按最佳行车路线赶赴火场。⑪用规定信号向消防队火警瞭望塔报警时,信号要明显,并应有一定的持续时间,同时尽可能再用其他方法报警。

(2)向周围群众报警的方法与基本要求是:①居民发现火情可使用简单的方法向附近群众报警,如高声喊话、敲击铁片、吹哨、鸣警笛等,尤其在深夜时,敲击铁器能发出强烈、紧促的声响。②工矿企业、乡镇等有条件的场所,可用广播事先规定的警铃、警笛报警,或用其他能够引起人们注意的音响、视听器具报警。③报警时,应尽量多种方式并用,如一面呼喊一面敲锣,或一面鸣警笛一面广播,以引起人们的高度重视,促使人们迅速采取必要的行动。④发现起火,要沉着冷静地观察和了解火情,选择最好的方式报警,防止因惊慌失措、语无伦次而耽误时间,甚至出现误报。⑤不管采用哪种报警信号,都必须事先明确规定,否则易被人们误解。⑥报警信号要明显地区别于其他常用信号,要让人们看到、听到后立即明白是发生了火灾。⑦向群众报警时,应注意讲明是什么着火,需要带什么东西,如盆、水桶、水、沙土、铁锹或破拆用具等。人多力量大,群众响应后,只要有效地组织指挥,对灭火或疏散物资都是非常有效的。⑧报警时应尽量吐字清晰、讲普通话,并且不要语言生硬,以避免使群众产生厌恶。⑨报警时,应尽量通知人们前来灭火或告诉人们紧急疏散,同时应尽可能向灭火人员指明起火点或为疏散人员指明通道。⑩要保证报警信号能传递到应通知的范围,特别是需要疏散人员时更应如此。⑪高层建筑等人员密集的场所,如果火势一时还不可能造成较大的危险,应注意通报火警的方式和范围,避免人们因不明情况而惊慌,争相逃生,堵塞通道,影响疏散和灭火,甚至因拥挤造成人员伤亡。

5. 为什么假报火警是违法行为？

假报火警,制造混乱,不管出于什么样的目的,都属于危害公共安全和秩序的违法行为,都是要受到处罚的。因为消防车开到一个地方,必然会影响群众的正常生活、工作和生产,影响交通秩序。另一方面,每个地区所拥有的消防力量是一定的,因假报火警而派出消防车辆,必然削弱了正常的值勤力量,如果这时真的发生火灾,就会影响正常扑救。

6. 怎样正确使用泡沫灭火器？

泡沫灭火器可通过喷射泡沫来扑救油类及一般固体物质初起火灾,它分为化学泡沫灭火器和空气泡沫灭火器两种。

(1)化学泡沫灭火器。其中一种为手提式化学泡沫灭火器,它主要由筒体、筒盖、内瓶胆、喷嘴等组成。使用时将灭火器提至距燃烧物10 m左右时,一手抓住提柄,一手托底圈,再将灭火器颠倒过来(底朝天),将泡沫射流喷于燃烧物或燃烧液表面(或容器壁上)即可灭火。随着射程缩短,可逼近着火点使用。

应注意的是,在搬移化学泡沫灭火器时,不能使其过度倾斜或颠倒,否则酸碱两种液体会提早反应。

(2)空气泡沫灭火器。它主要由筒体、筒盖、二氧化碳储气瓶、吸管及喷枪等组成。将灭火器提至距燃烧物6 m左右处,撕掉小铅块,拔下压把的保险销,压下压把后松开,然后一手提手把,一手托住底圈,将泡沫射流喷向火点,即可扑灭火灾。使用时注意事项与化学泡沫灭火器相同。

7. 怎样正确使用干粉灭火器？

干粉灭火器是目前使用和配置最多的一种灭火器,可扑救易燃液体、可燃气体、带电设备等的初起火灾。若内装多用干粉,还可用来扑救一般的固体物质如衣物、书本、纸张等的初起火灾。家用干粉灭火器有三种:储压式、外储气瓶式和内储气瓶式。其操作方法也有所不同。

(1)储压式干粉灭火器。储压式干粉灭火器将干粉与动力(压缩)气体装于一体,其结构主要由筒体、筒盖、出粉管、喷射管和喷嘴组成。使用时,先使灭火器上下颠倒并摇晃几次,使内部干粉松动并与压缩气体充分混合。然后使灭火器正立,撕掉其顶部的细铁丝及铅封块,拔出手压柄和固定柄(提把)间的保险销,右手握住灭火器喷管,左手用力压下并紧握两个手柄,使灭火器开启,待干粉射流喷出后,右手根据火灾情况上下左右摆动,将干粉喷于火焰根部即可灭火。在灭火时,左手可提起灭火器根据灭火需要而移动。

(2)外储气瓶式干粉灭火器。该类灭火器主要由二氧化碳钢瓶、筒身、出粉管及喷嘴组成。使用时,先撕掉储气小钢瓶顶部的细铁丝及铅封块,再用力向上提起储气钢瓶上部的开启提环。随后右手迅速握住喷管,左手提起灭火器,通过移动和喷管摆动将干粉射流喷于火焰根部即可灭火。

(3)内储气瓶式干粉灭火器。这种干粉灭火器与外储气瓶式相比,其压缩气体小钢瓶装在灭火器内部。使用时,先撕掉灭火器顶部的细铁丝及铅封块,拔下保险销,右手迅速握住喷管,左手将手压柄压下并提起灭火器,灭火器则会立即开启。待干粉射流喷出后,右手掌握喷管,将干粉射流对准火灾根部喷射即可灭火。

使用干粉灭火器时,要注意由上风向往下风向喷射(室外或车外有风时),以免风力影响灭火效果,造成灭火剂浪费。使用时还要注意,开启操作时不要距燃烧物太远,并在喷射灭火时要变换位置或摆动喷射管,从不同角度对火灾进行扑救,以提高灭火效率。

8.怎样正确使用卤代烷灭火器和二氧化碳灭火器?

卤代烷灭火器和二氧化碳灭火器都是高效多用途灭火器,可用于扑救液体火灾、气体火灾、一般固体物质火灾及带电设备火灾。卤代烷灭火器和二氧化碳灭火器在结构上有很大相似性,都是由筒体、阀及吸管和喷嘴或喷管等组成。小型的卤代烷灭火器仅设有喷嘴,而较大的卤代烷灭火器则设有喷管。卤代烷灭火器通常使用压把式开启机构打开阀门,而二氧化碳灭火器除压把式外还有手轮式,靠逆时针转动手轮而打开阀门。

使用手提灭火器距燃烧物 5 m 左右时,将灭火器放于地面。对于压把式灭火器,要先撕掉保险机构的小铅块,拔出保险销,一手用力压下压把并紧握另一固定把(与干粉灭火器不同,要求不能放松);另一手握住喷管,将灭火剂喷射于燃区即可灭火。无喷管时,一手紧握压把和固定把,并提起灭火器;另一手可托住底圈,使喷嘴喷出的灭火剂射于燃区即可。对于手轮开启式二氧化碳灭火器,逆时针旋转手轮即可打开灭火器灭火。

使用时应注意:室外使用要顺风施放;在使用二氧化碳灭火器时,手握喷射管一定要握在其木柄处,防止液态二氧化碳造成手部皮肤冻伤;灭火器在松开压把后可关闭,即停止喷射,这样对小火点可进行点射灭火;切勿倒立或过度倾斜灭火器;喷射灭火后要尽快撤离,以防二氧化碳或卤代烷的毒害。

二氧化碳灭火器用于扑灭棉麻、化纤织物着火时,要注意防止复燃。

9. 家庭的灭火措施有哪些?

家庭的灭火措施主要有三点:

(1)安装自动火灾探测器。在住宅内安装自动火灾探测器可降低40%左右的住宅火灾发生率。自动火灾探测器能及时报警,使人有足够的时间可以脱险,因此每一层楼都安装自动火灾探测器必将受益匪浅。

(2)安装自动喷水灭火系统。安装自动喷水灭火系统的住宅与没有安装自动喷水灭火系统的住宅相比,发生火灾时人员死伤率降低,同时也可减少火灾损失。

(3)在厨房和易发生火情的地方设置几个家用手提式干粉灭火器,以备应急之用。

10. 扑救火灾的一般原则是什么?

(1)报警早,损失小。由于火势发展很快,当发现初起火时,在积极组织扑救的同时,应尽快用火警报警装置或电话等向消防队报警,以使消防人员、车辆及时赶到现场,缩短灭火时间,减少损失。报警要沉着、冷静、及时、准确,讲清楚详细地址、报警电话号码,同时指派人员到消防车可能来到的路口接应,并主动及时介绍燃烧物的性质及火场内部情况,以便迅速组织扑救。

(2)边报警,边扑救。在报警的同时,要及时扑灭初起之火。火灾通常要经过三个阶段:初起阶段、发展阶段、熄灭阶段。

在火灾的初起阶段,由于燃烧面积小、燃烧强度弱、放出的辐射热量少,所以是扑救的最有利时机。发现初起火,只要不错过时机,可以用很少的灭火器材,如一桶黄沙、一个灭火器或少量水就可以扑灭。因此,就地取材、不失时机地扑灭初起之火极为重要。

(3)先控制,后灭火。在扑救可燃气体、液体火灾时,可燃气体、液体如果从容器、管道中源源不断地喷散出来,应首先切断可燃气体、液体的来源,然后争取灭火一次成功。如果在未切断可燃气体、液体来源的情况下,急于求成,盲目灭火,则是一种十分危险的做法。因为火焰一旦被扑灭,而可燃气体、液体继续向外喷散,特别是比空气重的液化石油气外溢,易沉积在低洼处,不易很快消散,遇明火或炽热物体等火源还会引起复燃;如果气体浓度达到爆炸极限甚至能引起爆炸,极易导致严重伤害事故。因此,在可燃气体、液体来源未切断之前,扑救应以冷却保护为主。积极设法切断可燃气体、液体来源,然后集中力量把火扑灭。

(4)先救人,后救物。在发生火灾时,如果人员受到火灾的威胁,人和物相比,人是主要的,应贯彻执行救人重于灭火的原则,先救人后疏散物资。要首先组织人力和工具,尽早、尽快地将被困人员抢救出来。在组织主要力量抢救人员的同时,部署一定的力量疏散物资,扑救火灾。在组织抢救工作时,应注意先把受到火灾威胁最严重的人员抢救出来,抢救时要做到稳妥、准确、果断、勇敢,以确保抢救的安全。

(5)防中毒,防窒息。许多化学物品燃烧时会产生有毒烟雾。一些有毒物品燃烧时,如使用的灭火剂不当,也会产生有毒或剧毒气体,扑救人员如不注意很易中毒。空气中有大量烟雾或使用二氧化碳等窒息法灭火时,火场附近空气中氧含量降低可能引起窒息。因此,在扑救有毒物品时要正确选用灭火剂,以避免产生有毒或剧毒气体;在扑救时,人应尽可能站在上风向,必要时要佩戴面具,以防发生中毒或窒息。

(6)听指挥,莫惊慌。发生火灾时不能随便动用周围的物品进行灭火,因为慌乱中可能会把可燃物当作灭火的物品来使用,反而会造成火势迅速扩大;也可能会因为没有正确使用而白白消耗掉现场灭火器材。因此,发生火灾时一定要保持镇静,迅速采取正确措施扑灭初起之火。这就要求平时加强防火灭火知识学习,积极参加消防训练,制订周密的灭火计划,才能做到一旦发生火灾不会惊慌失措。此外,当由于各种因素,火灾在消防队赶到后还未被扑灭时,必须听从火场指挥员的指挥,互相配合,积极主动地完成扑救任务。

总之,要按照积极抢救人员、及时控制火势、迅速扑灭火灾的基本要求,及时、正确、有效地进行扑救工作。

11. 初起火灾怎样扑救?

火灾初起阶段,一般燃烧面积小,火势较弱,在场人员如能采取正确的方法,就能迅速将火扑灭。发生火灾首先要靠在场群众自救,或者完全要靠群众自救,力争将火灾扑灭在初起阶段。

(1)报警。发生火灾后,在场人员在立即进行扑救的同时,要及时报警,以便消防队、本单位(地区)专职和义务消防队以及人民群众前来参加扑救,并使其他人员及时做好疏散准备。

(2)灭火。发生火灾后,在有条件时要及时使用本单位(地区)的灭火器材、设备进行扑救。除采用隔绝、窒息、冷却、抑制等方法外,扑灭初起火灾的方法还有:①断电。如发生电气火灾,或者火势威胁到电气设备时,首先要切断电源。②阻止火势蔓延。对密闭条件较好的小面积室内火灾,在未做好灭火准备前,先关闭门窗,以阻止新鲜空气进入;关闭与着火房门相毗连

的房间的门,再关上相邻房门,在可能的条件下还应向门上浇水。③防爆。将受到火势威胁的易燃、易爆物质和压力容器等疏散到安全地区;应立即停止向受火势威胁的压力容器、设备内输送物料,并设法将容器内的物料导走;停止对压力容器加温,打开冷却系统阀门,对压力容器设备进行冷却;有手动放空泄压装置的,应立即打开有关阀门放空泄压。

12. 家庭灭火的基本方法是什么？

物质燃烧必须同时具有可燃物、助燃物和有导致着火的火源3个条件,只要消除其中任一条件,就可使燃烧停止。因此,可采用以下方法灭火:

(1)冷却灭火法。它是最常用的灭火方法,通过喷洒一定灭火剂吸热或采用其他物理方法使可燃物的温度降低至该物质可燃温度或闪点以下,从而使燃烧自然中断(熄灭)。

(2)窒息灭火法。它的灭火原理是阻止空气流入燃烧区或用惰性气体稀释空气,使燃烧物得不到足够的氧气而熄灭。窒息灭火的方式有以下4种:①采用石棉布、浸湿的棉被、帆布、沙土等不燃物或难燃物覆盖在燃烧物表面,隔绝空气,使燃烧停止。②采用水蒸气或惰性气体(如二氧化碳、氮气等)喷射到燃烧物上,稀释空气中的氧气,使空气中的氧气含量降低,致使火焰熄灭。③设法封闭正在燃烧的容器的孔洞、缝隙及起火的建筑,使内部氧气在燃烧中消耗而得不到新的供应,致使火焰熄灭。④利用建筑物上原有门、窗及储运设备上的盖、阀等部件封闭燃烧区,阻止新鲜空气进入。

此外,在万不得已而条件又允许的情况下,也可采用水或泡沫淹没(灌注)的方法灭火。

（3）隔离灭火法。即将正在燃烧的物品与附近未燃的可燃物隔离或疏散开，使燃烧因缺少可燃物而停止，不使燃烧蔓延。这种方法适用于扑救各种固体、液体和气体火灾。隔离灭火方式有以下4种：①迅速将火场上的易燃、可燃、易爆物质和氧化剂，从燃烧区搬移到安全地点。②拆除与燃烧区毗连的可燃、易燃建筑物。③关闭可燃气体、液体管路和阀门，以减少和阻止可燃物及助燃物进入燃烧区。④限制燃烧物的流散和飞溅。

（4）抑制灭火法。即将化学灭火剂喷入燃烧区参与燃烧反应，中止链反应而使燃烧反应停止。采用这种方法可使用的灭火剂有干粉灭火剂和卤代烷灭火剂。灭火时，将足够数量的灭火剂准确地喷射到燃烧区内，使灭火剂阻断燃烧反应，同时还要采取必要的冷却降温措施，以防复燃。

在火场上采取哪种灭火方法，应根据燃烧物的性质、燃烧特点和火场的具体情况，以及灭火器材装备的性能进行选择。

13. 家庭火灾怎样扑救？

随着城乡居民生活水平的不断提高，现代家庭用电、用火、用气不断增加，发生火灾的概率相应地增大。居民家庭起火，往往具有燃烧猛烈、火势蔓延迅速、烟雾弥漫、易造成人员伤亡与殃及四邻等特点。此外，许多城市居民使用煤气或液化石油气，起火后容易形成气体燃烧、爆炸。因此，做好家庭灭火工作是十分重要的，每个公民都应了解家庭灭火常识。家庭火灾扑救方法和措施有：

（1）无论自家或邻居起火，都应立即报警并积极进行扑救。及时准确地报警，可以使群众和消防队迅速赶到，及早扑灭火灾。根据火情也可以采取边扑救、边报警的方法。但不能只顾

灭火或抢救物品而忘记报警,贻误战机,使本来能及时扑灭的小火酿成大灾。

(2)在有人被围困的情况下,要首先救人。救人时,要重点抢救老人、儿童和受火势威胁最大的人。如果不能确定火场内是否有人,应尽快查明,切不可掉以轻心。自己家起火或火从外部烧来时,也要根据火势情况,组织家庭成员及时疏散到安全地点。

(3)发现封闭的房间内起火,不要随便打开门窗,防止新鲜空气进入,扩大燃烧。要先在外部察看火势情况。如果火势很小或只见烟雾不见火光,可以用水桶、脸盆等准备好灭火用水,迅速进入室内将火灾扑灭。如果火已烧大,就要呼喊邻居,共同做好灭火准备工作后,再打开门窗,进入室内灭火。

(4)室内起火后,如果火势一时难以扑灭,要先将室内的液化石油气钢瓶和汽油等易燃、易爆危险品抢出。在人员撤离房间的同时,可将电视机等贵重物品搬出。但如果室内火已烧大,切不可因为寻钱救物而贻误疏散良机,更不能重新返回着火房间去抢救物品。

(5)家用电器发生火灾,要立即切断电源,然后用干粉灭火器、二氧化碳灭火器等进行扑救,或用湿棉被、帆布等将火窒息。用水和泡沫扑救一定要在断电情况下进行,防止因水导电而造成触电伤亡事故。

(6)厨房着火,最常见的是油锅起火。起火时,要立即用锅盖盖住油锅,将火窒息,切不可用水扑救或用手去端锅,以防止造成热油爆溅灼烫伤人和扩大火势。如果油火洒在灶具上或地面上,可用湿棉被、湿毛毯等捂盖灭火。

(7)家用液化石油气钢瓶着火时,首先应该切断气源。无论是钢瓶的胶管还是角阀口漏气起火,只要将角阀关闭,火焰就会很快熄灭。如果阀口火焰较大,可以用湿毛巾、抹布等猛力抽打火焰根部,或抓一把干粉灭火剂撒向火焰,均可以将火扑灭,然后关紧阀门。如果阀门过热,可以用湿毛巾垫着关闭阀门。角阀失灵时,可以将火焰扑灭后,先用湿毛巾、肥皂、黄泥等将漏气处堵住,把液化石油气钢瓶迅速搬到室外空旷处,让它泄掉余气或交有关部门处理。但此时一定要做好监护,杜绝火源存在。如果有较大量的液态液化石油气流出着火,则不能用水扑救,以免液态液化石油气扩散,使火情更大,只能用湿被、沙土和干粉灭火器灭火,并立即通知消防部门等。将火扑灭后,切记要堵住漏气口,否则气体继续泄漏,遇明火发生爆炸,会造成更严重的后果。

14. 家用电器着火怎样扑救?

(1)首先要迅速拔掉电源插头。

(2)用厚棉被及时将电器盖上,不能用化纤织物盖,以防引燃。

(3)用干粉灭火器灭火。

(4)灭火时要防止触电。

(5)在灭火的同时,应立即报告消防队。

15. 家庭用油着火怎样扑救?

家庭中常用的油以食用油为主。

油是很容易着火的,油着火与其他物质不同,不能用水来扑灭。用水扑灭油火,不但不能灭火反而会将火势扩大。因为油的比重比水轻,用水灭油火,油浮于水面之上,仍能继续燃烧,水往别处流动,会使火势蔓延。

例如油锅内着火,迅速盖上锅盖就可灭火。小面积的油若

流到地面上,可以用沙土盖上,也可以用湿麻袋盖上,或用泡沫灭火器、干粉灭火器灭火。

16. 家用煤气着火怎样扑救?

（1）家庭使用煤气灶不慎失火,首先应该迅速果断关闭气源。用户在平时应当熟知阀门所在位置。关闭煤气阀门的方法,可采取液化石油气钢瓶着火关闭角阀的办法。切断气源后,用干粉灭火剂进行灭火。

（2）如果阀门附近有火,不要赤手去操作。在起火处可用湿毛巾、湿麻袋、湿棉衣等包住阀门去关闭,将火熄灭。无法接近火源时,应用沙土覆盖,利用水降温,以防爆燃。

（3）如火势很大,个人不能进入现场扑救,要迅速报警。

17. 家用煤气发生爆炸怎么办?

（1）要果断地关闭离事故现场最近的煤气管线上的煤气阀门,切断气源,以防事故继续蔓延和扩大。

（2）要查找漏气原因,如发现煤气管道有裂缝、气孔漏气时,用户可用黏度较强的胶布缠扎在裂缝和气孔处堵漏,避免大量煤气继续泄漏造成二次事故发生。

（3）要注意防止煤气中毒造成人身伤亡。

（4）要立即报告煤气公司进行抢修。

（5）要将受伤人员及时送往医院治疗。

18. 怎样扑救柴油发电机的火灾？

柴油发电机由柴油机、发电机、励磁机、燃油供给系统、润滑油系统、空气压缩过滤器、冷却系统等组成。

当燃油、润滑油喷射到排气管或高温热体上起火时,应首先切断油源,用泡沫灭火器、二氧化碳灭火器灭火,也可用石棉布(毯)覆盖灭火。如火势继续扩大,应停机、灭磁、断电,并用泡沫或消防水喷射灭火。

当扫气箱着火时,应立即停机,开启扫气箱内设置的固定灭火装置进行灭火。

发电机着火应将二氧化碳灭火装置投入发电机灭火系统,同时合用二氧化碳和干粉灭火器进行扑救。

19. 切断起火电气设备的电源应注意哪些安全事项？

(1)发生火灾后,要立即切断电源;装有隔离开关的,不能随便拉隔离开关,以免产生电弧发生危险。

(2)发生火灾时,闸刀开关由于受潮或烟熏,其绝缘强度会降低,切断电源时最好用绝缘的工具操作。

(3)切断用磁力开关启动的电气设备时,应先关闭设备电源,然后再断开闸刀开关,防止带负荷操作产生电弧伤人。

(4)如果需要剪断对地电压在250 V以下的线路时,可穿戴绝缘靴和绝缘手套,用断电剪将电线剪断。切断电源的地点要选择适当,剪断的位置应在电源方向的支持物附近,防止导线剪断后掉落在地上造成接地短路触电伤人。

对三相线路的非同相电线应在不同部位剪断,在剪断扭缠在一起的合股线时,更应注意这一点,以防发生短路。

20. 居民如何配合消防队灭火?

（1）向消防队提供火场情况。消防队到达火场后,居民或义务消防队负责人应积极主动地向消防队提供火场上的情况,包括:是否有人被火势围困,是什么物质燃烧,燃烧范围有多大,火势蔓延的方向,有无爆炸、剧毒、腐蚀物品,有无贵重物品等。这些情况能使消防队了解火场概况,减少火场侦察时间,迅速地投入灭火战斗。

（2）居民应充分发挥自身的作用。按照火场指挥员综合考虑扑救火灾中的实际需要,居民可在消防队的指导下,分成几个小组以高效地协助消防队完成扑救火灾等任务。①灭火组。协助消防队灭火、破拆和扑打残火等。②抢救组。协助消防队抢救受困人员及疏散贵重物资。③供水组。负责由附近水源向消防车水罐供水,并维护供水线路（水带）正常供水。④后勤组。主要护理、救治及转运伤员,供应灭火所需的物资、器材及饮食等。⑤警戒组。担负安全警戒任务,维护火场秩序,保护火灾现场,防止抢救出的物资丢失等。

整个火场是一个团结协作的整体,居民只有在统一组织指挥下,才能充分地发挥作用,协助消防队完成灭火的各项任务。